정관스님 나의 음식

일러두기

* 2부와 3부는 정관스님과 후남 셀만 작가가 함께 쓰고 정리했습니다.
* 이 책은 재생펄프를 사용한 친환경 종이로 제작했습니다.

정관스님 나의 음식

윌북

인연의 글

10년 전, 밍글스를 오픈하던 당시 나는 한식의 전통과 근원에 대해 고민하며 우리 음식을 더 깊게 공부하고 싶었다. 혼자서는 해낼 수 없는 일이라 어려움을 겪고 있을 때 정관스님을 만났다. 마치 요리 인생의 은인을 만난 것 같았다. 정관스님은 제철 식재료를 귀하게 여기며 고유의 맛을 극대화하는 음식을 만든다. 직접 담근 장과 청, 김치나 장아찌 등 다양한 발효음식들은 스님 음식의 핵심이었다. 그러나 스님께 내가 배운 가장 중요한 지혜는 음식을 대하는 마음가짐이었다. 스님께 수행의 마음으로 요리에 임하는 방식을 배웠다. 정관스님은 내게 영원한 선생님이자 요리의 어머니다.

| **강민구** 미쉐린 3스타 '밍글스' 오너 셰프

살아가면서 맞닥뜨리는 모든 게 인연일진대, 정관스님과 음식, 그리고 나와 스님의 만남은 여지없는 필연이다. 스님은 갈수록 작아지는 크기에 반비례해 거의 무한대로 용량이 커지는 반도체의 칩처럼 느껴진다. 책을 통해 스님의 인간적인 이야기와 깊은 의미가 담긴 사찰 음식 레시피를 동시에 누릴 수 있어 행복하고 마음 깊이 감사할 따름이다.

| **조희숙** 셰프, (주)한식공간 대표

오래전 이탈리아 토리노에서 열린 세계슬로푸드대회에서 스님을 모시고 발우공양을 한 적이 있다. 발우를 씻은 물을 남김없이 드시는 스님의 모습을 보고 세계 각국에서 모인 참가자들이 모두 함께 울었다. 어떤 이는 자기 키의 절반도 안 되는 작은 스님 품에 안겨 하염없이 울었다. 마치 고향 집에 계신 엄마에게 온 것 같다고. 칠십 평생 온몸과 온 마음으로 수행해온 스님의 이야기를 읽으면서 다시금 깨닫게 된다. 스님은 음식으로 마음을 움직이는 사람임을.

ㅣ**김유신** 한국불교문화사업단 연구원

서문

나는 음식을 통해 세상과 소통하고 마음을 공유하는 정관스님입니다.

어릴 적, 점심 무렵이면 우물가로 걸어가 물을 길어왔습니다. 찰랑찰랑 가득 채운 물동이를 머리에 이고 돌아와 오전 밭일을 마치고 집에 오신 아버지께 시원한 물 한 사발을 내어드렸지요. 물 한 그릇에도 열과 성의를 다하는 것. 그것이 바로 공양하는 마음입니다. 이 책에도 바로 그러한 마음을 담았습니다.

음식을 하는 것은 깨달음으로 가는 수행입니다. 인생처럼 음식도 현재에 집중하고, 손짓 하나에 정성을 다하고, 계속 더하는 게 아니라 덜어낼 때 좋아집니다. 그렇게 만든 음식은 몸과 마음에 약이 되지요. 많이 먹을 필요도 없어요. 넘치지 않아도 풍요롭습니다.

음식은 만드는 사람의 에너지가 스며들어 완성됩니다. 즐거운 마음으로 음식을 하면 음식에도 그 에너지가 반영되지요. 이 책을 읽는 모든 분들이 생명의 가치를 헤아리며, 즐겁고 감사하는 마음으로 음식을 만들어보길 바랍니다. 그렇게 밥을 짓고 그것에서 희로애락을 느낄 수 있다면, 생에 큰 힘이 되니까요.

사찰음식은 수행자가 내면의 고요한 평화를 찾고 깨달음에 이르도록 돕는 지혜의 음식입니다. 인생이라는 수행길을 가는 누구에게나 더 좋은 삶을 살도록 돕는 음식이지요. 여러분이 사찰음식의 가치를 알고, 음식으로 몸과 마음을 조율해 진정한 자기 자신으로 살게 된다면 더 바랄 게 없습니다. 아프지 않고 건강하시기를, 한 끼라도 대충 때우지 말고 자신을 정갈히 돌보며 살아가시기를 바랍니다.

이 책이 만들어지기까지 많은 분들의 노고가 있었습니다. 5년간 한국과 스위스를 오가며 이 책을 세상에 나오게 한 후남 셀만 작가와, 천진암에서 저와 세 계절을 함께하며 사찰에서의 일상과 음식을 사진에 담아준 베로니크 회거, 스위스 에이트차이트 출판사에 감사의 마음을 전합니다. 이 책의 감수를 함께해준 한국불교문화사업단의 김유신 팀장, 두수고방 오경순 대표, 서다희 기자에게도 감사를 전하고 싶습니다. 끝으로 한국어판 출간을 위해 애써준 윌북출판사에 감사를 전합니다.

차례

1부

정관스님 이야기

후남 셀만

탱자가 무르익는 시간

화창한 늦가을, 차는 향기로웠고 햇살은 온화했다. 어떤 이야기에는 마법 같은 힘이 있어 시간이 흘러도 마음에 울림을 남긴다. 정관스님의 이야기가 그랬다. 우리는 천진암의 공양간에 앉아 스님이 손수 준비한 차를 마시며 음식과 사찰의 일상에 관해 이야기했다. 스님은 한 번에 많은 말을 하지 않고 천천히 신중하게 말한다. 그러다 호기심이 들거나 기분이 좋아 웃을 때는 목소리가 살짝 올라간다. 스님이 공양간에서 요리를 할 때의 또 다른 모습은 나중에 알게 되었다. 스님의 이야기를 들으며 정관스님에게, 스님의 음식에, 불교가 알려주는 삶의 의미에 가까이 다가가게 되었음을 느꼈다. 그날 정관스님이 내게 들려준 건 탱자와 시간에 관한 소박하고 아름다운 이야기였다.

가을, 나는 스님을 만나기 위해 서울에서 일찍 출발했다. 스님이 있는 사찰은 전남 내장산 국립공원의 남쪽에 있다. 어릴 때부터 절을 방문하는 것은 각별한 느낌을 주었다. 절에 가면 평범한 일상에서 온전히 벗어날 수 있었다. 가는 길은 험하고 시간도 오래 걸렸지만, 절에 가고 있다는 생각만으로도 막연한 위안과 형언할 수 없는 평화가 밀려왔다.

한국의 가을은 참 아름답다. 여름 장마의 습한 더위는 사라지고 공기는 청량해져서 여행하기 좋은 시기다. 하늘은 구름 한 점 없이 높고 푸르며, 먼 풍경까지 맑고 선명하게 보인다. 가을의 아름다움은 특히 산사에서 잘 느낄 수 있는데, 스님이 사는 천진암도 마찬가지다. 마침내 시골 버스가 종점에 도착했다. 나는 버스에서 내려 절을 향해 걷기 시작했다. 세속의 소음을 뒤로하고 깊은 산길을 천천히 걸었다. 절은 아직 눈에 보이지 않고 사방엔 자연뿐이었지만, 마음은 앞으로 다가올 것들에 대한 기대감으로 가득했다. 걷다 보면 자연스레 불교의 세계로 인도하는 듯한 이런 길들을 좋아한다.

사찰 주변의 드넓은 숲은 특별 보호 구역이다. 오랫동안 사람들의 발길만이 무수히 오간 길, 위안과 아름다움과 불심을 찾아 떠나온 이들의 길이 이어진다. 나이 많은 비자나무가 오랜 역사의 산증인처럼 길을 따라 줄지어 서 있고, 길옆으로는 시냇물이 굽이진 계곡을 따라 흐른다. 이 길을 걷는 이는 곧 만나게 될 부처님의 세계에 대해 생각하며 마음을 정돈하게 된다. 불교의 핵심적인 관점이자 가르침은 모든 것은 변하며 누구든 자신의 길을 찾아 나아가야 한다는 것이다. 한동안 자연 속에서 걷다 보면 어느 틈에 벌써 붉은 문 몇 개를 지나 있다. 보이지 않는 내면의 변화처럼, 어느새 한곳에서 다른 곳에 도달한 것이다.

먼저 만나게 되는 곳은 큰절인 백양사다. 백양사로 향하는 길은 한참 서서히 이어지는 오르막이다. 우뚝 솟은 백학봉의 자태가 연못에 비칠 즈음, 백양사 입구인 쌍계루가 모습을 드러낸다. 여기서 오른쪽으로 돌아 좁은 계곡을 끼고 올라가면 길이 갑자기 가파르게 변해 숨이 차오른다. 길 끝 마당에는 석탑과 법당(대웅전과 산신각)이 있으

며 양옆으로 선원(스님들이 참선하는 별채)과 요사채(스님들이 거처하는 공간)가 작고 아담하게 구성되어 있다. 정상에 올라 뒤를 돌아보면 산과 계곡과 나무만이 보인다. 계곡의 물소리가 잔잔하게 들려온다. 멀어진 세속은 더는 보이지 않는다.

정관스님은 백양사 산내 암자 중 비구니 수행 도량인 천진암에서 지낸다. 고요한 곳이지만, 배움을 얻고자 찾아온 젊은 사람들로 붐빌 때도 많다. 가파른 산비탈에 있는 스님의 처소 아래에는 차를 마실 수 있는 공간, 그리고 스님의 사찰음식 수업장을 갖춘 공양간이 있다. 넓은 안뜰에는 가마솥 세 개가 있는데, 이곳에서도 많은 요리를 한다. 스님은 공양간의 널따란 탁자에 온갖 채소와 과일과 견과류를 말린다. 공양간은 온전히 스님의 세상이고, 멀리서 찾아온 손님들도 이곳에서 대접한다. 스님을 찾는 손님들은 매년 늘어나고 있다. 나는 스님 맞은편에 앉아 스님이 차를 준비하는 모습을 가만히 지켜보았다. 스님의 차분하고 일상적인 움직임에 마음이 평온해졌다.

유리창으로 들어오는 따뜻한 가을 햇살이 공양간을 가득 채웠다. 공기 중에는 여전히 음식 냄새가 남아 있었다. 점심시간에 스웨덴에서 온 손님 스물세 명이 사찰음식을 경험하기 위해 찾아왔기 때문이다. 손님들은 호기심 가득한 눈으로 요리를 바라보며 감사한 마음으로 음식을 먹었다. 특히나 표고버섯 조청 조림을 좋아했다. 조리를 마친 스님은 앞치마를 벗고 연회색빛의 승복으로 손님들을 맞이했다. 스님은 준비한 음식을 짧게 설명하고 사찰음식에 담긴 의미를 이야기했다.

은갖원얻게하

大雄殿
진리의이모습은
둥글고오묘한법

식사가 끝난 후 질문이 이어졌고 간단한 대화가 오갔다. 방문객들의 마음에 질문이 많다는 것을 느낄 수 있었다. 언어 장벽으로 열린 대화를 주고받기는 쉽지 않았지만, 스님은 항상 자신만의 방법으로 사람들과 대화를 시도한다. 음식은 몸과 마음의 양식일 뿐만 아니라 사람들을 하나로 연결한다고, 함께 앉아 식사하면 서로 말이 없어도 친밀감을 느낀다고 스님은 생각한다. 그래서 음식과 친근한 분위기, 손님을 대하는 자기만의 방식으로 소통의 공백을 메우려 노력한다. 마지막으로 스님은 손님들과 사진을 찍은 뒤 일일이 한 명씩 안아주었다. 그리고 언덕에 서서 가파른 산길을 내려가 다시 소란스러운 세상으로 돌아가는 손님들을 오랫동안 물끄러미 바라보았다.

갑자기 조용해졌고 우리는 서로를 바라보며 웃었다. 화장하지 않은 스님의 얼굴은 건강한 자연스러움과 특유의 아름다움을 지니고 있다. 눈가에는 세월의 흔적이 보였다. 스님을 처음 보았을 때부터 그 얼굴에서 특별한 부드러움을 발견했다. 오랜 세월의 수행과 명상으로 이루어진 모습일 것이다. 이것이야말로 바깥으로 드러나는 내면의 참모습이 아닐까 생각한다.

스님의 삭발한 머리가 앞뒤로 움직일 때마다 반짝이는 둥근 얼굴이 더욱 둥글어 보인다. 삭발은 자만심을 버리고 겸손한 자세로 한발 물러서는 하심下心(불교에서 자기를 낮추고 남을 높이는 마음)을 의미한다. 스님은 가끔 손으로 머리를 쓰다듬는다. 겨울에는 얇은 면 모자를 쓰고 그 위로 털모자를 쓴다. 여름에는 챙이 넓은 밀짚모자를 쓴다. 나는 작지만 강인하고 꾸밈없는 스님의 손을 바라본다. 마치 마법을 부리듯 자연을 재료로 가장 경이로운 음식을 만들어내는 손이다.

가을이 오면 천진암에서는 어디선가에서 흘러드는 은행나무 냄새를 맡을 수 있다. 천진암 산신각 옆 작은 계곡 근처에는 오래된 은행나무 두 그루가 있다. 은행나무는 아름답기도 하지만, 단백질을 품은 은행 열매는 사찰음식의 중요한 재료이기도 하다. 공양 그릇인 발우도 은행나무로 만든다.

백양사 주변에는 비자나무, 대나무, 차나무가 자생한다. 사찰의 아름다운 자연과 고적함은 부처의 길을 찾고 따라가게 도와준다. 고요와 어둠만이 가득한 밤에는 마치 세상과 단절된 느낌이 든다.

정관스님과 함께 하는 산책은 언제나 특별하다. 스님은 독특한 방식으로 자연과 친숙하다. 때때로 몸을 굽혀 식물을 만지고, 잎을 따서 씹어보기도 한다. 모든 식물의 이름을 알며, 어떤 향기가 나는지, 언제 자라 꽃을 피우고 열매를 맺고 시들어가는지를 안다. 계절과 성장 단계에 따라 어떻게 맛이 변하는지도 알고 있다. 밖에서 겨울을 나고 추위에 살아남은 양배추는 섬유질 구성이 다르고 맛도 다르다고 한다. 스님은 식물의 다양한 성분이 우리 몸에서 어떻게 작용해 우리의 일부가 되는지도 알고 있다. 우리가 먹는 것이 곧 우리가 되기에, 건강은 어떻게 먹고 사느냐에 따라 좌우된다. 음식을 만들어 먹는 일은 끊임없이 세상과 관계를 맺고 소통하는 일이다.

천진암 선원 앞에는 그 울퉁불퉁한 모습으로 세월을 가늠할 수 있는 500년 된 탱자나무가 한 그루 서 있다. 스님은 이 탱자나무 이야기를 들려주었다. 나무의 일생에는 우리가 알지 못하는 수많은 비밀이 숨겨져 있다. 봄이 되면 500년 된 고목의 가지에 기적처럼 하얀 꽃이 피어난다. 꽃이 지고 자라난 초록색 열매는 가을이 되면 아름다운 주황빛으로 변한다. 나무는 크지 않고 굽이졌는데, 겨울의 추운 바람과 폭설로 위로 자라지 않기 때문이다. 시간의 흔적을 응축하고 있는 나무에게서 자연의 힘과 생명의 신비가 느껴진다. 스님은 매년 탱자를 수확해 설탕에 버무려 항아리에 넣고 발효시켜 탱자청을 만든다. 1년 후에 과육을 체로 걸러 3~5년간 더 숙성하면 청이 된다. "시간이 일을 하지, 나는 기다리는 것 외에는 할 게 없어요. 시간이 진정한 명장입니다. 기다림을 통해 맛과 향이 생기지요." 스님은 자연과 시간의 위대한 솜씨에 비해 자신의 솜씨는 작고 소박하다고 말한다. 태양, 안개, 비, 바람, 이슬, 달빛이 열매를 만들었고 무엇보다도 생명의 근원인 대지의 힘이 큰 역할을 한다고. 스님은 여기에 자신의 에너지를 조금 보탤 뿐이라고 했다.

스님의 이야기를 듣고 있으면 우리를 둘러싼 자연의 위대함과 그 안에 깃든 사람들의 모습을 볼 수 있다. 우리는 자연과 공생하며 살아간다. 매순간 공기를 들이마시고 내뱉는 일만으로도 우리는 외부 세계, 자연과 직접 연결된다. 올바른 호흡이 명상의 중심이 되는 건 그래서일 것이다. 인간과 자연은 늘 하나다.

스님은 요리할 때 그 음식을 먹을 사람을 생각한다고 했다. 음식을 준비할 때 모든 손짓에 세심한 주의를 기울이는 스님의 모습에서 헌신을 느낄 수 있다. 이것이 스님이 요리가 명상이며 수행이라고 이야기하는 이유일 것이다. "내가 가진 에너지가 재료로 흘러들어가 음식이 완성되는 셈입니다."

스님은 열매를 여러 해 동안 발효하고 숙성시켜 새콤달콤한 청과 양념장을 만든다. 스님은 음식에 관해 이야기할 때, '숙성한다'라는 표현을 자주 사용한다. 숙성은 시간과 자연이 함께 이룩하는 작업이다. 발효와 숙성을 거친 음식은 영양과 맛과 향이 더 풍부해진다. 스님은 직접 만든 청과 양념장을 보관하는 보물창고를 보여주었다. 수많은 옹기와 유리병 속에 시간의 작품들이 담겨 있었다. 스님은 자연에 모든 일을 맡기면 근사한 맛으로 보상받는다고 했다. 스님의 이야기를 들으며 스님이 준비한 음식을 먹으면, 모든 게 너무 쉽고 자연스러워 어떻게 그렇지 않을 수 있는지 궁금해지기까지 했다.

천진암에서 스님의 일상

정관스님은 자그마한 텃밭에서 다양한 채소를 키운다. "잘 지냈어? 오늘은 어때?" 텃밭에 들르면 스님은 마치 사이좋은 친구들과 이야기를 나누듯 채소 옆에 쪼그려 앉아 묻는다. 천진암에 있으면 스님이 쪼그려 앉아 있는 모습을 자주 볼 수 있는데, 김이 모락모락 나는 가마솥 옆에도 스님은 자주 이렇게 앉아 있다. 안뜰에 있는 가마솥 세 개는 많은 음식을 한 번에 준비할 때 사용한다. 스님은 가마솥 옆에 서서 기다란 조리 주걱으로 음식을 젓기도 하고, 간을 맞추기도 하고, 중간중간 아궁이에 통나무를 넣어 불을 조절하기도 한다.

천진암 아래 작은 계곡 옆으로는 가파르던 경사가 스르르 풀리듯 평평해지는 땅이 있는데, 여기에 스님의 텃밭이 있다. 겨울의 추위와 눈을 견뎌낸 양배추를 비롯해 상추, 풋고추, 깻잎, 쑥갓, 유채, 고수, 근대, 자소(차조기), 애호박 등이 자란다. 텃밭 가장자리에는 온갖 종류의 싱싱한 야생초가 무성하다. 이 작은 공간에 수많은 생명이 공존한다. "멧돼지, 살쾡이, 고라니 같은 다양한 야생 짐승이 여길 오가요." 스님이 웃으며 말한다. 백학봉 산 중턱에는 야생 차나무들이 있어 봄이면 찻잎을 따서 차를 만든다. 비자나무숲 아래 참나무에서 자라는 표고버섯도 햇볕에 말려 요리에 활용한다. 천진암 곁에는 천연기념물인 비자나무가 무성하게 자란다. 가을에는 비자 열매를 따서 비자청을 만들고 강정으로 만들어 먹는다. 비자 열매는 예부터 스님들의 천연 구충제이기도 했다. 비자나무에는 특별한 향이 있는데, 스님은 이 향이 음식에 스며들게 한다. 스님이 손수 담그는 간장에서도 비자나무 향이 난다. 사찰에는 땡감나무도 있다. 감이 익으면 곶감을 만들어 먹고, 감말랭이 무침과 감식초를 만든다.

스님이 직접 농사짓지 않는 식재료는 가까운 오일장에 가서 사온다. 스님은 장터 사람들을 다 잘 안다. 장터를 돌면서 현지 농부가 재배한 농산물을 사고 안부도 묻는다. 필요할 때는 시장 안에 있는 철물점에서 칼을 사기도 하는데, 때론 투박한 칼이 시중에서 파는 비싼 칼보다 낫다고 한다.

632년에 창건한 백양사는 아름다운 자연 속에 자리해 있다. 바위가 많고 웅장한 백암산이 뒤로 가파르게 솟아 있는데, 정상에 오르면 멀리까지 아득히 펼쳐지는 아름다운 산맥의 전경이 보인다. 아래를 내려다보면 고목이 울창한 계곡에 자리한 사찰 건물 전부가 한눈에 들어온다. 백양사는 출입문, 전각, 탑, 법전, 숙소 공간, 공양간, 다실, 정자 등 크고 작은 건물 약 30채가 있는 중간 규모의 사찰이다. 마당도 있고 연못과 작은 호수도 있다. 창건 이후 수많은 스님이 이 산사를 찾아와 머물다 떠났다. 오늘날에도 백양사에 오는 길은 쉽지 않은데, 과거에는 그 여정이 더욱더 길고 힘들었을 것이다. 그 발자국들이 지금의 길을 만들었다. 불경 읊는 목소리와 목탁 소리가 지금도 남아 고요한 계곡에 울려 퍼진다. 북과 종소리는 언제나 부처님의 가르침을 전한다. 정관스님은 백양사 천진암의 주지(스님은 '암주'라는 표현을 더 좋아한다)로서 사찰의 모든 일을 책임지며, 10년 넘게 다양한 활동을

해오고 있다. 현재 백양사는 템플스테이를 운영하며, 세계 각지의 다양한 손님들이 스님의 음식을 맛보기 위해 천진암을 찾는다.

절 마당에는 각종 재료를 발효시키는 적갈색 옹기가 늘어서 있다. 옹기는 미세한 구멍이 있어 '숨 쉬는 항아리'라고 불리는데, 그래서 발효를 하는 데 특히 적합하다. 흙으로 빚은 옹기는 1200도에서 구워서 만들며, 안에 저장된 음식을 오랫동안 신선하게 유지할 수 있다. 옹기의 활발한 호흡은 발효 과정에 좋은 영향을 미친다. 오래 발효할수록 그 효과가 더 좋아진다. 발효는 미생물이 유기물질을 분해하고 변형시켜 새로운 맛과 형태를 만드는 과정이다. 발효를 거쳐 훌륭한 풍미를 지닌 양념과 마실거리, 먹을거리가 탄생하는데, 이는 자연이 선사하는 기적 같다. 전통적으로 사찰에서는 옹기가 모여 있는 장독대 주변에 특정 나무나 꽃을 심어 풍미가 더욱 올라오도록 했다. 특히 비자나무는 항균 효과가 있을 뿐 아니라 향이 강해서 풍미에 좋은 영향을 미친다.

스님은 직접 담근 온갖 양념을 옹기 안에 보물처럼 간직한다. 그중 가장 중요한 건 바로 간장, 된장, 고추장이다. 콩을 삶아 자연 발효시킨 메주로 만드는 간장과 된장은 사찰요리에 없어서는 안 되는 양념이다. 만드는 과정은 복잡하고, 긴 시간과 인내심이 필요하다. 옹기는 항상 뚜껑으로 덮어 두고 자연의 힘에 모든 것을 맡긴다. 낮의 온기와 밤의 냉기에 그대로 영향받게 둔다. 옹기는 다양한 종류의 김치를 보관하는 데도 필수다. 사찰 김치는 마늘이나 젓갈이 들어가지 않아 일반 김치보다 가볍고 시원한 맛이 난다. 매년 11월이면 스님은 많은 사람과 여러 날에 걸쳐 다양한 종류의 김치를 담그는 김장 행사로 겨울나기를 준비한다. 행사에는 70명에서 100명 가까운 인원이 참여하고, 외국에서도 많은 사람이 온다. 김치는 다가오는 겨울을 지나 다음 해 봄까지 먹을 만큼 준비하는데, 배추, 무, 갓뿐만 아니라 다른 여러 재료를 사용한다. 김장에 참여한 사람 모두가 담근 김치를 조금씩 나눠 가져가고, 나머지는 옹기에 보관한다. 이렇게 발효가 시작된다.

스님은 이 외에도 다양한 것을 만든다. 각종 열매와 쌀로 식초와 조청을 만들고 채소와 버섯과 과일은 햇볕에 말리거나 장아찌를 만들어 보관한다. 매년 이 모든 것을 새로 만들어 언제나 넉넉하도록 준비한다. 장은 오래 보관할수록 더 깊은 맛을 내는데, 스님에겐 30년 된 간장도 있다. 양이 넉넉히 남아 있지 않아 스님도 애지중지하며 아낀다. 스님은 옹기 뚜껑을 열어 안을 다정하게 들여다보고, 한 숟가락 퍼서 말한다. "이 향 좀 맡아보세요!" 시간과 소금과 콩과 물이 이 멋진 양념을 만들어냈다. 이 또한 스님의 작품이다.

정관스님은 스님과 사찰음식 이야기를 다룬 넷플릭스 다큐멘터리 〈셰프의 테이블〉 때문에 순식간에 세계적으로 유명해졌다. 자연과 인간의 균형, 순환의 철학을 담은 스님의 음식은 지속가능한 식문화를 지향하는 전 세계를 놀라게 했고, 이제는 모두가 스님의 공양간을 주목하는 듯하다. 음식을 맛보기 위해 오는 사람들, 음식을 배우고 일손을 도우려는 사람들이 사방에서 찾아든다.

큰 행사가 다가오면 공양간은 정신없이 바빠지고, 스트레스도 제법 있다. 그럴 때면 스님은 마치 장군처럼 빠른 걸음으로 오가면서 큰 목소리로 지시한다. 가끔은 스님의 고향인 경상도 사투리가 튀어나

오기도 한다. 이런 날에는 스님도 고요한 자세를 유지하기 쉽지 않다. 부처님 오신 날인 음력 4월 초파일에는 300명 넘는 방문객이 찾아와 공양을 하고 간다. 쌀이나 과일 등의 현물을 기부하기도 하고 불전함에 기부금을 넣기도 한다.

스님 곁에는 늘 요리를 배우고 싶어 하는 청년들이 있다. 이들은 3개월에서 6개월 심지어 1년까지 천진암에 머물기도 한다. 도착하자마자 바로 소매를 걷어붙이고 열심히 일을 시작한다. 대부분 한국 사람이지만 미국, 유럽, 아시아 등 세계의 먼 곳에서도 온다. 주말에는 언제나 각지에서 찾아온 자원봉사자들로 식탁이 꽉 찬다. 서울 혹은 해외에서 셰프로 일하는 스님의 옛 제자들이 특별한 날이나 휴가에 스님을 찾아오기도 한다. 국내외에서 찾아온 영화 제작진이나 인터뷰를 원하는 기자들의 발길도 끊임없다. 유럽의 청년들이 삶의 방향을 찾고자 예고 없이 사찰을 찾은 적도 있다. 암스테르담에서 만난 한 네덜란드 청년은 2018년 스님의 이야기를 알게 되고 불쑥 한국을 찾았다. 그는 열일곱 살이었고 불행했으며 앞으로 어떻게 살아가야 할지 몰랐다. 그는 3개월 동안 천진암에서 스님과 함께 지냈다. 스님과 똑같이 머리를 깎고 언제나 함께 다니며 여러 가지 음식을 만들었다. 두 사람은 언어소통은 거의 불가능했지만, 음식으로 서로 가까워질 수 있었다. 그는 네덜란드로 돌아가 요리사 수습 과정을 마쳤고 지금은 암스테르담의 어느 레스토랑에서 일한다.

한국 사찰의 스님들은 몸이 아플 때를 제외하고는 정해진 일상의 규칙을 따른다. 새벽에 눈을 떠 예불을 올리고, 식사하고, 공부하고, 일하고, 명상하고, 방문객을 맞이하고, 잠자리에 들기까지 일과가 정해져 있다. 하지만 정관스님은 하고자 하는 일과 맡겨진 일을 해내기 위해 일상을 다르게 구성한다. 물론 정관스님도 수행을 하고, 인생 상담을 위해 찾아오는 이들을 맞이하고 함께 명상하기도 한다. 하지만 무엇보다 스님은 한국 사찰음식의 중심이 되어 많은 일을 한다. 세계 각국에서 수많은 초청을 받고, 정부의 요청으로 해외의 여러 요리 강좌에서 강연하기도 한다. 천진암을 찾는 수많은 손님도 책임진다. 방문객이 없는 날에도 할 일은 많다. 스님의 손은 쉴 틈이 없다.

스님은 손이 얼마나 소중한지 자주 이야기한다. 손에는 섬세한 힘과 아름다움이 있으며, 우리가 세상과 관계 맺고 살아갈 수 있게 해준다. 손으로 누군가를 아프게 할 수도 있고 생명을 앗을 수도 있지만, 따뜻한 손으로 누군가를 돕고 힘을 보탤 수도 있다. 무엇보다 우리는 손으로 음식을 만든다. 손을 거쳐 우리의 에너지가 자연 재료에 스며든다. 그리고 이렇게 음식을 만들어 먹을 때 우리는 자연과 동화된다. 《뉴욕 타임스》와의 인터뷰에서 스님은 정원에서 키운 오이로 음식을 만들어 먹는다며 이렇게 말했다. "제가 오이가 되고 오이가 저 자신이 되지요." 음식으로 나의 에너지와 자연의 에너지가 만나 하나가 된다. 이것이 바로 손이 지어내는 마법이다.

사물을 바라보는 관점도 중요하다. "배추를 단순히 채소라고만 보지 말고 우리 몸의 일부가 된다고 생각해보세요. 배추가 곧 내 몸이 되고 자아가 됩니다. 따라서 소중하고 조심스럽게 다뤄야 하지요. 이런 마음가짐으로 김치를 담그면 좋은 김치가 됩니다." 스님의 손은 둥그스름하니 작고 투박하다. 손바닥은 온갖 재료와 물과 열과 수증기로 부드러움이 많이 사라졌고 손금도 희미해진 것 같다. 스님은 오랜 시간 국경을 넘나들며 수많은 사람을 위해 음식을 했고, 스님의 손에서 그 흔적을 볼 수 있다.

스님은 텃밭에서 일하거나 공양간에서 채소를 다룰 때 이렇게 말한다. "각각의 식물에 대해 잘 알고 있어야 준비를 할 수 있습니다. 언제 자라나고 꽃을 피우는지, 언제 어떤 맛이 나며, 언제 수확하는 게 가장 좋은지를 꼼꼼히 알아야 하지요. 그래야 부드럽거나 질기고, 달거나 쓴 맛을 내는 식재료를 적재적소에 쓸 수 있어요." 스님은 호박, 죽순, 연근을 잘라 단면을 보여주며 서로 얼마나 다른지, 또 각각 얼마나 아름다운지 이야기한다. 바구니에 온갖 푸성귀를 가득 담으며 여기저기 조금씩 뜯어 맛을 본다. 스님은 채소에 해박하다. 사찰에서는 예로부터 산비탈에서 자라는 버섯, 뿌리, 열매뿐만 아니라 여러 산나물도 채취해 왔다. 스님은 다양한 채소에 관해 즐겨 이야기한다. 종마다 고유한 특성이 있다. 모양과 빛깔뿐만 아니라 섬유질도 가지각색이다.

"많은 식물이 인간과 동물에 해로운 독을 품고 있습니다. 동물뿐만 아니라 식물도 자기방어를 하지요. 모든 생명체는 생존을 위해 다른 존재로부터 자신을 보호하려 해요. 이는 지극히 자연스러운 현상이며 생명의 원리입니다. 식물은 보통 꽃이 피고 열매가 익어갈 때 독성이 가장 강합니다. 이러한 것들을 알아야 독성을 중화하고 건강한 음식을 준비할 수 있어요. 채소를 조리하는 방법에 따라 많은 것을 조절할 수 있습니다. 삶거나 데치거나 쪄서 먹을 수도 있고, 특정 발효 양념장을 쓸 수도 있어요." 스님에 따르면 간장과 된장은 채소의 풍미를 끌어올릴 뿐 아니라, 독성을 중화시키고 소화를 도와 장내 유익균에 활력을 불어넣는다고 한다. 스님의 말을 들으면 자연 안에서 살아가는 일이 얼마나 복잡하며 유기적인 것인지 깨닫게 된다.

절 공양간은 약식동원, 즉 '음식이 곧 약'이라는 한국의 전통적인 사상을 잘 드러내는 장소다. 예부터 수행하는 스님들은 음식을 조절하며 몸을 건강하게 유지해야 했고, 몸이 아플 때도 다양한 음식으로 스스로 치유하는 방법을 터득해야 했다. 이런 이유로 스님 대부분은 음식이 지닌 치유 효과에 대해 잘 알고 있다. 음식의 각 성분이 우리에게 미치는 영향은 다 다르다. 같은 땅에서 자란 채소가 이처럼 서로 다른 영양소를 추출하여 스스로 성장하고 다른 물질로 변화하는 모습은 매우 놀랍다. 정관스님은 채소들의 특징을 잘 알면 내게 필요하거나 부족한 성분을 적절히 보완할 수 있다고 덧붙인다. 예를 들어 여름에 익는 쌀은 몸을 따듯하게 하지만 겨울 작물인 보리는 몸을 차게 한다. 그래서 무더운 여름에는 몸의 열을 내리는 보리차를 마시면 좋다. 몸을 따듯하게 하는 재료로는 마늘, 생강, 고추, 감자 등이 있다. 반대로 채소와 샐러드는 자연적으로 차가운 성질을 지니고 있어서, 날로 너무 많은 양을 먹으면 몸에 냉기가 축적되어 장기가 제대로 기능하는 데 방해가 될 수 있다고 한다. 몸을 건강하게 유지하려면 온기와 냉기의 균형이 조화로워야 한다. 따라서 채소는 익혀서 간장으로 맛을 내거나 두부와 같은 단백질과 탄수화물을 더하는 것이 좋다.

스님에 따르면 요리에서 가장 중요한 것은 재료 본연의 맛과 향이 살아나도록 하는 것이다. 재료마다 고유의 개성과 아름다움이 있기에 그것이 잘 드러나도록 해야 한다. 준비 과정은 간단할수록 좋다. 스님은 원산지가 확실한 재료와 직접 담근 천연 양념장만을 사용한

다. 20년 묵은 간장, 8년 묵은 된장, 10년 묵은 감식초, 쌀과 매실과 다양한 열매들로 만든 청은 스님의 자랑이다. 이 맛은 시간의 작품이다. 바로 여기에 스님 음식이 지닌 독특함의 비결이 있다.

스님의 음식은 한국 사찰음식의 오랜 전통을 바탕으로 한다. 스님이 요리하고 이야기하는 모습을 보면 면면히 이어져 온 불교의 정신이 고스란히 느껴진다. 스님은 식사 준비가 다 되면 "공양하세요" 하며 사람들을 부른다. 많은 스님이 머무는 큰 사찰에서는 목탁으로 식사 시간을 알린다. 사찰에 머물면 하루 세 번은 공양이라는 말을 듣게 된다. 공양이란 마음과 정성을 다해 준비한 음식을 정중히 내주고 받는 일이다. 여기에는 엄숙함과 함께 우리에게 생명의 에너지를 주는 음식을 향한 감사가 담겨 있다. 불교에서는 '밥 한 톨에 온 우주가 담겨 있다'고 이야기한다. 쌀 한 톨에는 대지와 햇빛, 비, 바람, 달빛, 안개, 이슬의 힘이 모두 담겨 있다. 여기에 곡물을 농사짓고 수확한 사람들의 노고와 에너지가 더해진다. 내 앞에 놓인 쌀 한 톨을 소중하게 생각하며 마음 깊이 감사함을 느껴야 하는 이유다.

사찰에서는 일반적으로 출가를 결심한 행자와 예비 스님(사미, 사미니)이 음식을 담당한다. 모두 일정 기간 공양간에서 주어진 일을 수행해야 한다. 한편으로는 봉사와 겸손, 하심의 훈련이며 다른 한편으론 모든 일이 동등한 가치를 지니고 있다는 것을 배우는 과정이다. 다른 이를 위해 음식을 준비하는 일은 함께 살아가는 공동체 생활의 의미를 가르쳐준다. 예비기간인 4년 동안 매년 다른 요리를 배운다. 모든 것은 바닥에서부터 시작한다. 가장 단순한 작업인 청소로 시작해 다음으로 채소를 손질하고 국을 준비한다. 밥을 안치는 것은 마지막에야 할 수 있다. 밥 짓기는 그 자체로 예술이라 할 만한 일이다.

아침 식사는 새벽 6시에 한다. 쌀과 채소로 만든 죽을 간단히 먹는다. 점심에는 밥과 더불어 몇 가지 반찬을 준비한다. 끝으로 차나 커피를 마시기도 한다. 맑은 장국에 만 국수 요리, 전과 떡이 인기가 좋다. 메뉴는 계절과 날씨에 따라 달라진다. 저녁 식사는 오후 6시이며, 소화에 부담이 되지 않는 가벼운 음식을 먹는다.

전통적으로 공양간은 힘의 근원지였다. 힘을 주는 음식을 만들고, 보존하고, 나눠 먹는 곳이기 때문이다. 공양간에는 '향적당(香積堂)'이라는 별명도 있는데, 자연이 만들어낼 수 있는 모든 냄새와 향기가 이곳에 모여 음식이 되기 때문이다. 공양간이나 향적당이라는 이름에는 음식에 대한 불교의 관점이 잘 나타나 있다. 음식은 단순한 물질이 아니라, 몸과 마음을 연결하는 중요한 매개체이며 따라서 깨달음의 길도 올바른 음식을 통해 이루어진다는 생각이다.

정관스님은 같은 재료를 사용하더라도 음식 하는 사람의 마음가짐과 정성에 따라 맛이 달라진다고 말한다. 스님은 공양간에 있을 때면 식사하러 오는 사람들을 떠올린다. 자신이 만든 음식으로 다른 사람들을 행복하게 해주고 싶기 때문이다. 스님이 동화사에 머물던 젊은 시절, 어느 일요일에 그저 음식 하는 게 즐거워 국수를 많이 삶아 산에 오르는 등산객에게 나눠주었다. 그들은 맛있게 먹은 후 한결 따뜻해진 몸으로 가던 길을 갔다. 그 후 몇 달 동안 스님은 일요일마다 국수를 삶아 사람들에게 나눠주었다. 모두가 즐겁고 감사히 음식을 먹었다. 이들 중 많은 이가 스님을 다시 찾아왔고 일부는 불교 신자가

福

되기도 했다. 음식은 사람을 움직이고 변화시킨다. 건강한 음식을 먹으면 정신이 맑아지고 생각이 명료해진다. 얼굴색도 변하고 모습도 달라진다.

사찰음식은 수행자를 위한 음식이다. 스님들의 수행에 도움을 주기 위해 오랜 시간 지혜를 그러모아 발전시켜온 식생활 전통인 것이다. 건강에 이로우며 마음에 자양분을 공급하고, 더 맑은 시야로 삶을 바라볼 수 있게 도와준다.

"저는 셰프가 아니라 수행자입니다." 정관스님은 자주 강조한다. 수행자란 '행동과 습관을 바꾸려고 힘쓰는 사람'이다. 부처님의 가르침에 따라 언제나 좋은 습관과 긍정적인 마음, 타인을 대하는 올바른 태도를 갖출 수 있다면 좋겠지만 사실 결코 쉬운 일이 아니다. 그리하여 수행은 한순간 이루어지는 결과가 아니라 평생에 걸쳐서 끊임없이 노력해야 하는 과정이다. 우리 모두는 자기 인생의 수행자다. '수행자를 위한 음식'이란, 어쩌면 삶에서 스스로 변화시키려 노력하는 모든 이를 위한 음식일 것이다.

南國
西來

정관스님 이야기

스님과의 인터뷰

> 스님은 일찍이 수행자의 길을 걷기로 결심하셨습니다. 출가의 계기는 무엇이었나요?

우리 집은 유교적 전통이 강한 집이었어요. 어머니는 불교 신자는 아니었지만, 칠월 칠석에는 꼭 절에 가셨어요. 그때 어머니를 따라가곤 했는데, 절이나 산에 가면 항상 마음이 편하고 기분이 좋았습니다. 이런 어린 시절의 기억이 오래도록 마음속에 남아 있었어요. 집 근방에 절이 하나 있었는데, 좋은 스님이 계셨습니다. 그곳에 자주 가다 보니 자연스럽게 불교에 대해 배우게 되었어요. 아마 여덟아홉 살 때였던 것 같은데 그때 〈반야심경〉을 다 외울 정도였지요. 제게 뭔가 특이한 것이 있었다면 어려서부터 죽음이란 무엇인가에 대해 자주 생각했다는 것입니다.

출가의 계기가 된 것은 어머님의 죽음이었습니다. 고등학교 2학년 때 갑자기 어머니가 돌아가셨어요. 그때 저는 부모님과 떨어져 대구의 큰오빠 집에서 살고 있었는데, 이상하게도 어머니가 돌아가시는 것을 하루 전날 꿈에서 보았습니다. 다음 날 어머니가 돌아가셨다는 소식을 듣고 너무 놀라고 무서웠어요. 그래서 병이 났습니다. 장례를 치르고 나서도 밤마다 어머니가 꿈에 나오셨어요. 피곤하고 아파서 학교에 가지도 못하고 살도 많이 빠졌어요. 그래서 어느 날 '계속 이렇게 살 수는 없다' 하는 생각으로 대구의 사찰인 동화사로 갔습니다. 버스로 한 시간 거리였어요. 대웅전에 가서 수없이 절을 했습니다. 5일 정도 있다가 집으로 돌아오면서 동화사로 다시 가리라 마음을 먹었습니다.

그래서 어느 날 새벽 다섯 시에 버스를 타고 동화사로 향했습니다. 그때가 아마 1975년 2월이었던 것 같아요. 동화사는 비구 사찰입니다. 그곳에서 한 비구스님에게 어디로 가야 하는지 물어보았더니 암자로 가라고 하셨습니다. 추운 겨울이었고, 어두워지기 시작하는 오후 다섯 시쯤 그곳에 도착했지요. 도착해서 절을 했습니다. 노스님 한 분이 나오셔서 저를 보시고 "너는 절에 살러 온 애구나" 하셨습니다. 그래서 "네, 스님. 저는 절에 살 겁니다" 대답했죠. 집이 어디냐고 하셔서 대구에 있다고 했어요. "하룻밤 자고 가면 안 되나요?" 하고 물으니 자고 가라 하셨습니다. 하룻밤 지내면서 예불도 하고 노스님께 오게 된 이야기를 해드렸더니 절에 있어도 된다고 하셨습니다. 스님께서는 네가 원한다면 절에 살 수는 있지만, 부모님이 허락해 주겠느냐 물으셨어요. 그러나 제 마음이 굳건하면 우선 살아보라고 하셨습니다. 일주일을 지냈는데 너무나 좋았어요. 산에 다니기도 하고 음식을 하라고 하시면 좋아서 시래기도 삶고, 방 청소도, 절도 열심히 했습니다. 제가 〈반야심경〉을 다 외우고 있어서 모두 놀라워하셨지요. 그렇게 절에 있어도 된다는 허가를 받게 되었습니다. 일주일 시간을 달라고 하고 집으로 가서 나름대로 정리를 했어요. 가족과 이모, 친구에게 마음으로 작별인사를 한 후 집을 떠나왔습니다. 직접 말을 하지는 않았어요. 유일하게 챙긴 것은 전축기와 우표를 모아둔 앨범 그리고 저의 전 재산인 중학교 졸업 때 받은 금반지 세 개였어요. 그렇게 버스에 올라 절로 왔습니다. 그 길로 수행자로서의 길이 시작되었지요.

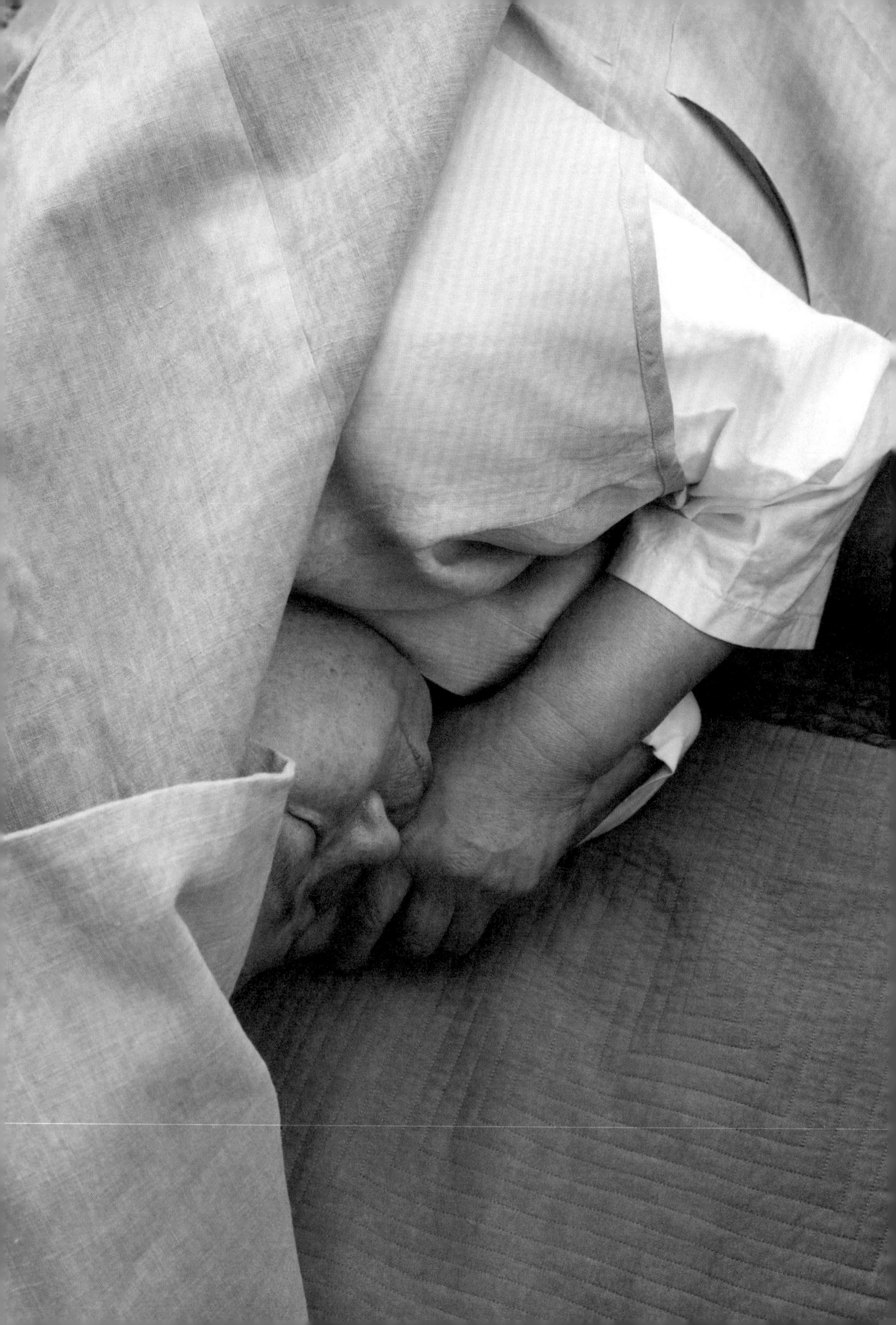

첫날부터 신이 났습니다. 밥도 하고 밭일도 했습니다. 마치 다 해본 일 같았어요. 아무 어려움 없이 출가했지요.

어머니의 죽음은 분명 저에게 많은 것을 생각하게 했고, 어떤 계기가 되었습니다. 어릴 때부터 죽음이 무엇인지 생각하곤 했는데, 어머니가 갑자기 돌아가셨지요. 가슴에 슬픔이 맺힐 뿐 아니라 원망스럽기도 했습니다. '나를 두고 가시다니' 하는 생각이 들었고 헤어짐의 고통이 사무쳤어요. 저보다 어린 동생들에게는 얼마나 더 큰 고통일지도 생각했습니다. 그래서 저는 그런 고통을 안겨주는 일은 하지 않겠다고 결심했지요. 다른 생을 살아야겠다, 결혼하지 않겠다고 다짐했습니다. 이 길이 출가로 이어졌습니다.

어머니가 저에게 절과의 인연을 맺어주신 것 같습니다. 스님들께 엄마 이야기를 했더니 사십구재 제사상을 차려주셨습니다. 그날 꿈에 어머니가 나타나셨어요. 소복을 입은 모습으로, 이제 다 풀고 간다고 하시며 편안한 모습으로 작별인사를 하셨습니다. 아침에 일어나니 어깨가 가볍고 기분이 좋았습니다. 피곤하지도 않았고 에너지가 넘치는 듯했습니다. 그때부터 부처님의 가르침을 따라서 수행하기 시작했습니다. 내 천직이구나 생각하며 지금까지 살고 있죠. 여운이 남은 것도 없고 걱정도 없고 하루하루가 즐겁습니다. 맺힌 것이 없으니.

가족에게는 언제 절에 계신 것을 알리셨나요?

집을 떠나오고 3년 뒤에 처음으로 연락을 했습니다. 스님들이 3년이 지났으니 집에 가보자 하셨어요. 그래서 어머니 제삿날에 음식을 준비해서 스님 한 분과 함께 집을 방문했습니다. 그때 처음 절에 있다고 얘기했지요. 가족들은 돌아가지 말고 집에 있으라고 만류했으나 스님들과 함께 절로 돌아왔습니다. 일주일 후에 오빠가 저를 데리러 절에 왔었어요. 그러나 저는 가지 않겠다고 했습니다. 절에 있는 것이 좋고, 또 하루하루가 즐겁고 걱정이 없다고 오빠를 설득해 돌려보냈습니다.

남매는 몇이나 되세요?

일곱인데 딸이 넷이고 아들이 셋입니다. 저는 그중 다섯째고 셋째 딸이죠.

아버님과 표고버섯 조청 조림에 관한 이야기를 들려주실 수 있나요?

제가 출가한 지 7년째 되는 해에 아버지가 처음으로 저를 보러 절에 오셨어요. 그때 저는 잠시 동화사가 아닌 수원에 있는 불교학교인 강원(중앙승가대학교)에 가 있을 때였는데, 편지가 오길 아버지가 저를 찾아오셨다고 했지요. 절에 가보니 아버지가 오신 지 열흘 정도 되었댔어요. 아버지가 스님들께 으름장을 놓고 이것저것 불만을 터트렸다는 이야기도 들었습니다. 그러나 사이사이 스님들이 하시는 법문도 들으신 것 같았어요. 아버지는 저에게 노스님이 부지런하시고 지극정성이라고 말씀하셨죠. 그리고 "다 좋은데 풀만 먹고 살 수가 있냐"고 걱정하셨습니다. 고기는 안 먹고 싶은지 물어보시고, 절에는 고기도 생선도 없으니 집에 가자고 하셨지요.

그래서 저는 아버지와 함께 솥 하나와 표고버섯, 들기름, 간장, 조청을 들고 산에 올라갔습니다. 아버지에게 불을 지펴달라고 하고, 저는 표고버섯 조청 조림을 준비했지요. 조림은 시간과 정성이 필요한 음식이에요. 아버지는 표고버섯 조청 조림을 한 그릇 다 드시고, 이렇게 맛있는 음식이 있는 줄 몰랐다고, 고기보다 맛있다고 하셨습니다. 아버지는 혼자 어떤 생각을 하시는 듯했어요. 그다음 날 아버지는 절을 떠나겠다고 하시며 스님들께 모여달라고 부탁하셨어요. 아버지는 옛날에 어떤 스님께 듣길 집안에 수행자가 나면 삼대가 복을 받고 승천한다는 이야기를 들었다며, 딸이 좋은 인연을 맺은 것을 몰라보고 방해한 것이 죄송하다고 하셨지요. 그리고 수행자에게는 부모도 삼배를 드린다며 제게 절을 하시고 스님들에게도 인사를 하셨습니다. 마지막으로 딸 이름을 불러보겠다고 하고 이렇게 말씀하셨어요. "옹중아(이름이 '온정'인 스님의 어릴 적 별명), 이제는 마음 놓고 간다. 스님 말씀 잘 듣고 잘 살아라." 아버지는 기분 좋게 가셨습니다. 집에 돌아가 오빠와 동생들에게도 이제 함부로 제 이름을 부르지 말고 정관스님이라고 하라 했다고 들었어요. 그리고 일주일 후 서울에 있는 둘째 오빠네 집에서 자는 듯이 숨을 거두셨습니다.

앞서 행자 생활에 관해 잠깐 말씀해주셨지요.
스님은 행자 시절을 어떻게 보내셨나요?

행자란 출가하기 위해 관찰 또는 유예 기간을 보내는 사람을 말합니다. 절에서의 생활을 겪어보고 자신의 신념이 얼마나 굳건한지, 내가 진실로 이 길을 가고자 하는지를 시험하는 시간이라고 할 수 있습니다. 저는 사찰에 대해 이미 많이 알고 있었기에 행자 생활을 오래 하지는 않았습니다. 1975년 음력 4월 15일에 삭발을 했습니다. 그리고 그해 7월에 사미 수계를 받았으니, 1975년 수계자입니다. 행자 기간은 보통 6개월이지만, 기간이 정해져 있지는 않았어요. 그때만 해도 의지에 따라, 인연에 따라 차이가 있었습니다. 스님들이 보기에 신념이 확고하다고 판단하면 빨리 받아주기도 하셨지요. 계를 받으면 남성은 '사미'라 하고 여성은 '사미니'라 부릅니다. 노력하는 사람이라는 뜻이지요. 계를 받고 3년 후에 강원에 갔습니다. 보통 강원에 가거나 선원에 가지요. 물론 선방(불교에서 조용히 참선하는 선실을 말한다)에 다니기도 했고 그 후엔 대학에 들어갔습니다. 1979년부터 1982년까지 중앙승가대학을 다녔습니다.

> 10대 시절 처음 절에 와서 생활할 때 잠이 부족해
> 나무 위에서 낮잠을 주무시기도 했다면서요.

어릴 때는 새벽잠을 못 자니 힘들기도 했습니다. 매일 새벽 3시에 일어나야 했거든요. 그때는 어렸고 잠이 많이 필요한 시기였죠. 사실 저는 별이 가득한 밤하늘을 보는 것을 좋아합니다. 특히 새벽에 별들이 촘촘하지요. 산속에 있으면 밤 9시부터 별을 볼 수 있어요. 밤에 별을 보고 들어가면 피곤함이 없어졌죠. 지금도 그렇게 하고 있어요. 하지만 10대 시절에는 새벽에 잠을 못 자서 고통이었습니다. 낮에도 피곤함이 쏟아지곤 했어요. 그래서 잠을 자기 위해 어린 나이에 이런저런 꾀를 냈습니다. 나무 위에서 자기도 하고, 골방에서, 화장실 모퉁이에서 자기도 했지요.

그날도 숲에서 잠시 눈을 붙이고 있었어요. 그런데 갑자기 어깨가 서늘한 느낌이 들더라고요. 잠결에 눈을 떠서 보니 커다란 구렁이가 제 어깨를 지나가고 있었습니다. 놀라 벌떡 일어날 만도 한데, 저는 지나갔으니 됐다고 생각하고는 다시 잠이 들었어요. 그러고도 건강했고 아무런 탈 없이 잘 지냈습니다.

사찰에서는 항상 음식과 관련된 일을 많이 했습니다. 김치나 장아찌 담그기, 떡 만들기, 간장과 된장 담그기, 나물이나 버섯 말리기 등. 스님들이 부르면 항상 달려갔어요. 그러니 자꾸 저를 부르시곤 했지요. 스님들과 함께 일하고 어울리니 너무 좋았습니다. 많은 걸 배울 수 있었고, 공감대라는 게 어떻게 형성되는지 경험할 수 있었습니다. 무엇이든 직접 임할 때 우리는 가장 많이 배웁니다. 또 하면 할수록 더 많이 깨우치게 되고요. 음식도 마찬가지였어요. 몸소 체험하고 경험으로 터득해야 정말 내 것이 된다고 생각합니다. 그러니 나서서 열심히 하는 것이 중요합니다.

언제 비구니계를 받고 스님이 되셨나요?
그리고 그 후에는 어떤 일을 하셨나요?

비구니계를 받고 조계종의 정식 수행자가 된 것은 1980년입니다. 이후로 몇 군데 절에 있었지요. 1991년에 첫 주지를 살게 되었는데, 영암 망월사였습니다. 비교적 일찍 주지가 되었다고 생각합니다. 제가 망월사에 있을 때 신도들이 많이 늘었어요. 처음에는 70~80명 정도였는데 점점 많아지더니 이후엔 500명 가까이 되었지요. 그곳에서 20년을 살면서 사찰음식 연구의 기틀을 다질 수 있었습니다. 그때는 사찰음식이 지금처럼 유명할 때도 아니었지만, 저로서는 사찰음식과 관련된 여러 가지 프로그램을 해보고 있었어요. 신도와 스님이 한뜻으로 함께할 수 있는 활동이 필요하다고 생각하여 발우 20개를 맞추고 황토로 물들인 이불 20개를 준비했죠. 그리고 신도들과 함께 매년 간장과 된장을 직접 담그고, 여러 가지 장아찌도 담그기 시작했습니다. 장이 익으면 나눠 먹고 김장도 함께 해서 반은 이웃과 나누고 반은 절에서 먹었어요. 이렇게 하나의 전통이 생겨났고 그 전통은 지금까지도 천진암에서 이어지고 있습니다.

> 사찰음식은 1500년이라는 오랜 전통을 이어왔지만,
> 세간에는 많이 알려지지 않았습니다.
> 그런데 지금은 세계적인 관심사가 되었습니다.
> 그 계기는 무엇이었나요?

중요한 계기는 아마 1988년 올림픽이었던 것 같습니다. 한국 정부는 세계의 눈이 집중되는 이 행사에서 우리 문화 중 어떤 것을 보여줄 것인지 고민했지요. 그래서 조계종 사찰에 절을 개방해달라고 제안했습니다. 스님들이 수행하는 모습을 보여주고 사람들에게 명상하는 방법을 알려주면 좋겠다는 생각이었지요. 바로 이렇게 템플스테이가 시작되었습니다. 템플스테이는 정부 주도로 기획한 것이었지만, 저희는 정말 성심껏 준비했습니다. 처음에는 규모가 큰 사찰 몇 곳만 뽑아서 개방하기로 하고 준비했습니다. 외국 사람들이 방문해서 불편하지 않도록 수세식 화장실도 만들었고, 건물들을 수리하고 필요한 건물은 새로 지었죠. 시작은 작게 했지만, 차츰 더 많은 사찰이 동참하게 되었

습니다. 이를 통해 한국 불교 문화가 차츰 전 세계에 알려지게 되었습니다.

2010년에는 뉴욕에서 조계종 한국 사찰음식의 날 행사를 열었습니다. 모두 300명을 초청했지요. 그 후 프랑스에도 가고, 다른 여러 나라를 방문했어요. 이 명맥이 지금까지 이어지고 있습니다. 물론 저 혼자 한 것은 아닙니다. 한국전통사찰음식연구회의 적문, 선재, 대안, 우관 스님과 함께 행사를 주관했지요. 스님들은 한국 사찰음식의 전통을 보존하면서도 대중화에 많은 기여를 하셨습니다. 오래전부터 사찰음식 요리 강좌도 해오셨고요. 사찰음식은 언제나 있었어요. 다만 세상에 드러나지 않았던 것뿐입니다.

사찰음식이란 무엇을 의미하며, 어떤 전통에 기반을 두고 있나요?

부처님 계율을 보면 수행자의 음식이란 어떤 것인지, 그리고 어떻게 먹어야 하는지에 대해 자세히 나와 있습니다. 하루에 한 끼를 먹되, 필요한 양만큼만, 즉 수행할 때 필요한 에너지만큼 먹는 게 좋다고 되어 있어요. 공양할 때는 오관게(불교에서 말하는 음식을 먹을 때의 다섯 가지 마음가짐)를 염송합니다. 음식을 먹기 전에 모든 사물과 부처님의 은덕을 생각하고, 세상과 자연과 우주의 이치를 생각하는 것이지요.

가장 중요한 것은 음식을 먹을 때 이 재료는 어디서 왔고 어떻게 만들어졌는지 생각하고, 그 수고로움에 대해 감사하는 마음을 새기는 것입니다. 농사짓는 사람뿐만 아니라, 농사를 지으며 해치게 되는 모든 생명을(벌레 하나라도) 생각해야 한다는 것이지요. 부처님 말씀에는 한 생명이라도 더 살려서 공생하는 방법을 찾아야 한다고 되어 있습니다. 사찰음식이 아름다운 것은 음식 자체가 지닌 힘도 있지만, 생명을 존중하기 때문이라 생각합니다.

> **사찰음식은 채식을 바탕으로 하죠.**
> **이를테면 비건 음식이라고 할 수 있을 텐데요.**
> **일반적인 채식과 사찰음식이 다른 점은 무엇인가요?**

사찰음식을 단순한 채식으로 볼 수는 없어요. 사찰음식은 수행자를 위해 오래전부터 고안되어온 음식입니다. 나의 쾌락과 이득을 위해 먹는 음식이 아니죠. 사찰음식이 처음부터 채식인 것도 아니었지요. 불교 역사를 보면 사실 부처님은 채식주의자가 아니었습니다. 탁발해서 받은 음식을 가리지 않고 먹었기 때문이에요. 저도 출가하기 전까지는 모든 음식을 다 먹었습니다. 특히 어머니가 음식을 아주 잘하셨어요. 물론 고기와 생선으로도 요리를 하셨기에 저도 그것을 먹었고 음식을 만들기도 했습니다. 지금까지도 많은 불교국가에서 스님들이 고기와 생선을 먹습니다. 다만 대승불교에서는 나의 욕심을 위해 살생하는 것을 금지하는 부처의 정신을 중요하게 여겨 채식 중심인 사찰음식이 등장하게 되었고, 그것이 전통으로 자리를 잡게 된 것입니다. 무작정 육식에 찬성하거나 반대하는 게 아니라, 무엇을 먹을 것인가, 그것이 나와 세상에 좋은 일인가를 생각해보는 일이 중요합니다. 그러면 사찰음식이 왜 채식인지, 그리고 그것이 왜 필요한지를 이해하게 되리라 생각합니다.

스님으로서 불명(불교 이름)을 가지고 계시는데,
이 이름은 어떤 절차와 관행을 통해 받게 되는지요?

출가한다는 것은 지금까지의 삶을 뒤로하고 새로운 삶을 시작한다는 것을 의미합니다. 스님이 되려면 먼저 행자로 시작을 합니다. 행자는 이름이 없습니다. 아직 정식으로 출가를 한 것이 아닌 유예 기간이라 그렇지요. 그래서 보통 '행자야' 하고 부릅니다. 신념이 확고해지면 이름을 지어줍니다. 즉 사미계를 받으면 정식으로 불명을 하사받게 되지요. 이름은 스승님이나 노스님이 지어주시곤 합니다. 인연도 중요하지만, 자신의 성품이라든가 믿음에 따라 정해지게 됩니다. 비구니스님에게는 항상 비구니스님만이 은사가 될 수 있습니다.

스님의 법명은 정관입니다.
이 이름엔 어떤 의미가 있나요?

제 이름 정관은 바를 정(正), 너그러울 관(寬)입니다. '바름으로 모든 인연을 너그러이 대하라'는 뜻이지요.

스님은 '수행자'라는 말을 자주 하십니다.
스님들은 모두 수행자라 할 수 있을까요?

사실은 누구나 다 수행자가 될 수 있고, 되면 좋습니다. 누구나 행복하길 원하기 때문이죠. 수행의 목적은 자유로워지는 것이에요. 그러기 위해선 외적인 것과 내적인 것을 하나로 만들기 위해 노력해야 합니다. 안과 밖이 하나가 되는 작업을 수행이라 할 수 있지요. 안에는 치솟는 욕망이 있는데 바깥에서 제지하려 애쓰면 평화로운 마음을 유지하는 게 쉽지 않습니다. 내면에서 일어나는 갈등을 바깥으로 표출하고 그것을 의식해서 풀어주어야 합니다. 편안하고 자유롭게, 원래 있던 모습 그대로 되돌아가는 것이 수행의 목적입니다. 사람들은 몰라서 수행을 안 할 뿐이지, 누구나 다 할 수 있다고 생각합니다.

수행자든 아니든 모두 번민과 갈등이 있습니다. 인간이라면 누구나 욕망과 탐욕이 있으니까요. 이때 수행하지 않는 사람은 그에 얽매이고, 수행자는 얽매이지 않습니다. 매일 수행하면서 떨쳐버리기 때문이죠.

욕망에 얽매이면 집착하게 되고, 집착하면 나 자신이 그 욕망의 노예가 됩니다. 수행한다는 것은 쌓인 것들을 덜어내고 비우는 것입니다. 다시 불씨가 살아나지 않게 완전히 소진하는 것이지요. 결국은 끊임없이 노력하는 게 중요합니다.

| 개인적으로 갈등이 생기면 어떻게 해소하시는지요?

상황에 따라, 상대에 따라 다릅니다. 《팔만대장경》은 깨우침을 얻는 팔만 사천 가지의 방법을 가르쳐준다고 합니다. 저도 여전히 수행의 노상에 있다 보니 상황에 따라 다 다르게 대처합니다. 어떤 사람은 이런 모양의 그릇이고 또 어떤 사람은 저런 모양의 그릇이지요. 이렇게 차이가 있다 보니 서로 맞추려 할 때 힘이 드는 건 자연스러운 일입니다. 때론 노력해도 안 될 때가 있고, 그러면 갑갑하고 힘이 들죠. '왜 내 마음처럼 안 될까' 의문이 생기고요. 하지만 그저 노력해도 맞지 않을 때가 있는 것입니다. 우리는 행동에 따라 결과물이 나오길 기대합니다. 하지만 온 마음을 쏟아도 풀리지 않는다면, 그러면 저는 내려놓습니다. 최선의 방법도 통하지 않고, 소통도 안 되면 관심과 열정을 줄이고 내려놓지요. 다른 인연이 생기면 다시 시작할 수 있다고 생각합니다.

인연이 있다는 것은 소통이 된다는 의미입니다. 소통에 열린 마음을 갖는 게 중요하지요. '한 중생을 지도하기 위해 백 중생을 따라다녀라' 말했던 부처님의 자비심은 정말 엄청난 것입니다.

저는 수행할 때 말을 하지 않습니다. 말은 순간을 방해하죠. 집중을 깨트리고 흐트러지게 합니다. 그래서 조용한 곳에 갑니다. 사람이 없는 곳으로요. 스님들의 수행 방법에는 조금씩 차이가 있어요. 저는 예전에는 사람들과 부딪치고 소통하며, 그런 가운데 깨달음에 도달하는 것이 좋다고 생각했습니다. 그때 저는 돈오와 점수를 함께 할 수 있다고 생각했습니다. 문득 깨달음을 얻는 '돈오'에 이르기까지 점진적 수행단계인 '점수'가 필요하다고 생각했기 때문입니다. 시간이 지난 지금은 조용한 곳에서 홀로 자연과 함께하는 것도 좋은 방법이라고 생각합니다. 자연은 말없이 가르침을 줍니다. 또 내가 하고 싶은 말을 다 이야기할 수도 있지요. 수행은 대단한 환경을 갖추지 않고도, 또 혼자서도 할 수 있다고 생각합니다.

어릴 때부터 음식 하는 것을 좋아하셨는지요?

예, 좋아했어요. 불교에서는 한 사람의 생에 있어서 전생사가 중요하다고 합니다. 하지만 제 생각엔 태어나서 자라는 환경과 과정이 한 사람을 만드는 것 같아요. 저는 시골에서 자라서 어린 시절 놀이터가 논밭이었지요. 소 등을 타고 다니고, 배고프면 오이도 따 먹고요. 그렇게 주변에 자라는 식물을 관찰하고 맛보면서, 먹을 수 있는 것과 없는 것을 구별하는 법을 배웠습니다. 게다가 채소가 자라는 것을 보면서 어느 시기엔 어떤 맛이 나는지도 터득할 수 있었죠. 음식을 잘하려면 재료와 친해져야 합니다. 저는 아직도 어릴 때 텃밭에서 키운 채소의 맛을 생생히 기억합니다. 특히 오이 맛이 정말 좋았어요. 오이의 사각거림도, 시원한 맛도 아직 느껴지는 듯합니다. 음식을 할 때 이런 기억을 떠올리면 좋은 음식을 만들 수 있는 것 같습니다.

> 국내에서뿐만 아니라 해외에서도 스님의 사찰음식을 많이들 좋아합니다. 사람들에게 해주고 싶은 이야기가 있으신가요?

저는 어디에 가든 이런 이야기를 합니다. 우리가 먹는 음식과 우리 사이에는 떼려야 뗄 수 없는 관계성이 있다고요. 그런데도 사람들은 음식과 자신을 떼어놓지요. 많은 사람이 맛을 열광적으로 추구하고 거기에서 만족을 찾습니다. 하지만 정작 음식과 그것을 구성하는 재료에 관한 관심은 별로 없어요. 만드는 방법에 대해서도요. 그러나 오직 맛과 자기만족만을 위한다면, 무언가 결핍되기 마련이라는 생각이 듭니다. 이곳에 육신이 있는데 정신은 다른 곳에 두는 것과 마찬가지예요. 그러면 내게 진정으로 어떤 것이 필요한지 잘 모르게 됩니다. 우리는 음식을 통해 바깥세상과 연결되고 하나가 됩니다. 이 음식이 어디서 왔는지, 누구의 노동과 수고로움을 거쳐 내게 온 건지, 자연의 재료

가 우리 몸 안에 들어가서 어떻게 나와 융합되는지 등에 대해 생각해 보면 좋겠습니다.

음식은 우리에게 면역력을 키우게 하고, 건강을 지켜주고, 정신력을 지탱해줍니다. 즉 우리를 살게 하는 것이죠. 음식을 먹을 땐 내 몸에 잘 맞는지를 알아야 합니다. 아무리 내 장기가 튼튼하다 해도, 또 아무리 좋은 음식이라 해도 잘못 먹으면 탈이 날 수 있습니다. 조화를 이루는 방법을 알아야 하죠. 봄에는 어떤 것이 좋은지, 여름, 가을, 겨울에는 무엇이 필요한지를 알면 도움이 됩니다. 자연 식재료의 아름다움을 이해한다면 음식도 아름답게 할 수 있습니다. 이렇게 밥을 짓고 그것에서 희로애락을 느낄 수 있다면, 그렇게 만든 음식은 생에 큰 힘이 됩니다. 저는 많은 사람과 그런 것을 함께 공유하고 싶어요. 음식을 할 때마다 정성을 다하고, 사람들과 모든 것을 나누기에 음식이 제 마음에 들고 안 들고는 중요하지 않습니다. 음식을 만들고 나면 완전하게 짐을 내려놓을 수 있어요. 사람과 사람이 음식을 공유하는 순간이 많아지면 세상이 좀 평화로워지지 않을까요. 어쩌면 저는 많은 꽃을 피우려 노력하는 게 아닌가 생각합니다.

2017년에 넷플릭스에서 스님에 대한 다큐멘터리를 제작했죠. 그로 인해 스님과 한국의 사찰음식이 전 세계에 알려지게 되었습니다.
다큐멘터리와 함께 스님도 베를린국제영화제에 초청되기도 하셨고요. 그 다큐멘터리가 스님의 삶에 어떤 변화를 주었나요?

이 질문은 자주 받습니다. 달라진 것이 있다면 제가 전보다 해외에 더 자주 초청이 된다는 것, 그리고 전보다 더 많은 분이 사찰음식을 경험하기 위해 천진암을 찾아주신다는 점이죠. 이걸 제외하고는 크게 달라진 것은 없습니다. 저는 항상 하던 일을 하며 매일을 살아가고 있습니다. 계절에 따라 필요한 양념이나 음식을 준비합니다. 자연의 흐름을 따라서요. 저는 항상 자연이 가장 현명한 스승이라고 말해왔습니다. 자연이 모든 것을 자라게 하고, 열매를 맺게 하고, 발효의 마법을 부리죠. 자연의 큰 힘을 생각하면 저절로 겸손해집니다. 사찰음식에는 씨앗이 땅에 떨어져 햇빛과 바람, 비의 도움으로 성장하고 열매를 맺어 그게 우리의 입으로 들어오기까지의 하나로 이어지는 작은 이야기가 담겨 있어요.

많은 사람이 제게 레시피를 물어봅니다. 하지만 저는 레시피에 너무 얽매이지 말라고 얘기해요. 사람들이 제 음식을 좋아하는 이유는 제가 특별히 음식을 잘해서라거나, 숨겨둔 비결이 있어서가 아니라 오랜 시간과 정성을 들여 즐거운 마음으로 음식을 만들기 때문일 겁니다. 음식은 음식 하는 사람의 에너지가 들어가야 완성이 됩니다. 즐거운 마음으로 음식을 만들면 음식에도 그 에너지가 반영되죠. 그리고 음식에 사용하는 모든 양념과 재료를 계절에 따라 손수 만들기 때문일 거고요. 여러 종류의 다양한 간장, 된장, 고추장, 식초, 기름, 청, 장아찌 같은 것들 말이죠. 이게 없다면 제 사찰음식은 없다고 할 수 있습니다. 제 음식의 비밀은 제 보물이 담긴 옹기 속에, 그리고 요리를 대하는 마음과 손끝에 있습니다. 레시피는 사실 금방 흩어지는 뜬구름 같은 것이지요.

* 레시피에서 청과 장아찌를 제외한 음식은 모두 4인분 기준입니다.
* 레시피에 쓰인 절간장은 음식에 따라 국간장이나 진간장 등으로 대체할 수 있습니다.

2부

사찰음식 이야기

정관스님

후남 셀만

수행자를 위한 깨달음의 음식

부처님은 깨달음에 있어 음식의 중요성을 강조했다. 수행에 집중하기 위해서는 건강한 몸과 맑은 정신이 필요한데, 이의 근간이 되어주는 것이 음식이기 때문이다. 사찰음식은 단순히 배를 채우기 위한 것이 아니다. 사찰음식은 수행자가 건강하게 수행하며 내면의 고요한 평화를 찾도록 하고, 그리하여 깨달음에 이르도록 돕는 음식이다. 제철 채소를 먹으며 자연과 어우러지는 섭생 방법을 깨우치고, 내 몸을 움직일 수 있을 만큼만 소식하며, 탐욕 없이 살아가는 법을 되새기게 하는 철학이 사찰음식에 깃들어 있다. 사찰음식은 넘치지 않아도 충분히 풍요로울 수 있다는 것을 가르쳐준다.

많은 사람이 내게 어떻게 하면 음식을 잘 만들 수 있는지 묻는다. 중요한 것은 음식을 만드는 기술이 아니라 음식을 대하는 마음에 있다. 음식을 조리할 때는 물, 불, 시간을 조절하고 정성을 들이는 데 집중해야 한다. 사찰음식의 기본은 삼덕, 즉 청정(淸淨), 유연(柔軟), 여법(如法)이다. 음식을 할 때는 이 세 가지 덕을 갖춰야 한다. 청정은 재료가 깨끗해야 하며, 음식을 하는 사람의 마음도 깨끗해야 한다는 뜻이다. 유연은 부드럽게 따른다는 뜻으로, 음식을 먹는 사람의 몸과 마음 상태에 맞춰 그에 적절한 음식을 만들어야 한다는 것이다. 여법은 법을 따른다는 뜻으로, 음식이 내 앞에 놓이기까지 모든 과정에서 자연의 순리를 거스르지 않아야 한다는 것이다. 삼덕은 곧 정성이다. 우리를 살게 하는 음식에 허투루하지 않으려 부지런히 애쓰는 마음이다. 이런 정성이 좋은 삶을 사는 비결일 것이다.

마지

절에서는 매일 아침 10시쯤 공양미로 밥을 지어 부처님 앞에 '마지(摩旨)'를 올린다. 공들여 만든 음식을 뜻하는 마지를 아침 10시쯤인 사시(巳時)에 올리기에 흔히 '사시 마지'라 부른다. 불기에 밥을 담아 불단에 올리고, 불공 의식이 끝난 후에는 생명이 있는 모든 이들이 나누어 먹는다. 부처님뿐만 아니라 음식을 대하는 부처님의 가르침도 일깨워주는 의식이다.

부처님이 수행할 당시 수행자들은 하루에 한 끼만 먹었다. 아침 6시가 되면 삼삼오오 흩어져서 탁발을 다녔는데, 일곱 집 넘게 다니지 않는 칠가식(七家食)의 원칙을 지켰다. 그러고 나면 8시 반까지 처소에 들어와 발을 닦고 자리에 정좌해서 각자 음식을 먹을 만큼 덜어서 먹었다. 그때쯤이 사시, 그러니까 10~11시경이었다. 몸이 아프거나 스스로 탁발할 수 없는 수행자에게도 음식을 나눠주고 모두가 함께 공양했다. 오후불식(午後不食)이라 해서, 오후 끼니는 대개 물과 차로 대신했다. 불교가 한반도에 들어오면서는 우리 고유의 환경과 음식 문화에 맞춰 절에서도 간단하게나마 세 끼를 먹는다. 새벽에 일어나 수행을 하고 6시쯤 흰죽으로 배를 조금 달랜다. 이후 부처님께 기도를 하고 사시 마지를 올린다.

마지는 부처님께만 올리는 게 아니라 온 우주에 올리는 것이라 할 수 있다. 우리가 공양할 적에 한 숟가락을 떠서 먹으면 온 우주가

함께 먹는 셈이다. 사람은 밥을 먹어야 모든 일체 행위를 할 수 있게 된다. 그러므로 우리는 현상계에 있는 모든 것에 대해 공양을 통해 보시할 수 있다. 이 우주 공간에 무정물(이슬과 햇빛)을 먹은 유정물(채소)을 내 몸에 들이고 행동을 해서 내보낸다. 이렇게 마지로 올리는 공양물은 온 세계를 다 덮고도 남게 된다. 마지를 올리는 것에도 이러한 뜻이 있다. 이른바 '사찰음식'에 대한 이야기를 하면 그 재료나 만드는 방식에 관심이 집중되곤 하지만, 사찰음식의 원리와 뜻은 모두 여기에 있다.

발우공양

이 음식이 어디서 왔는가. (計功多少量彼來處)
내 덕행으로 받기가 부끄럽네. (忖己德行全缺應供)
마음의 온갖 욕심 버리고 (防心離過貪等爲宗)
육신을 지탱하는 약으로 알아 (正思良藥爲療形枯)
도업을 이루고자 이 공양을 받습니다. (爲成道業膺受此食)

이는 발우공양에서 음식을 앞에 두고 염송하는 〈오관게(五觀偈)〉의 내용이다. 한국 선불교 고유의 발우공양은 단순함, 겸손함, 절제를 실천하는 중요한 수행법이다. 부처님이 매일 음식을 구하러 다닐 때 들고 다니던 탁발 그릇을 상징하는 발우는 보통 은행나무로 만들며, 여러 번 옻칠하여 따뜻한 적갈색 빛이 난다. 발우는 보통 4가지로 구성되며, 가장 큰 어시발우에는 밥, 두 번째로 큰 발우에는 국, 세 번째에는 채소, 가장 작은 발우에는 물을 담는다. 음식을 먹을 만큼 옮겨 담고, 감사하고 존중하는 마음으로 남김없이 먹는다. 식사를 마친 후에는 그릇에 받았던 물로 그릇들을 차례대로 씻고 마지막에는 그 물을 마신다. 그릇에 남은 것이 없으면 마른 천으로 깨끗해질 때까지 그릇을 닦는다. 그 후 그릇들을 포개고 뚜껑을 덮어 발우보에 다시 싸서 보관한다. 자연에 감사하고, 농부에게 감사하고, 음식을 만든 사람에게 감사하고, 먹을 만큼만 덜어 적게 먹고, 음식에 집중하여 함께 먹는 수행이다.

사찰음식은 자연과 인간, 그리고 모든 중생이 더불어 살아가는 존재임을 깨닫게 하는 수행의 방편이기도 하다. 승려로서 음식을 먹는 이유는 생명을 이어가고 수행할 수 있는 에너지를 얻기 위해서다. 나머지는 모두 탐욕이다. 그래서 불교 수행자는 발우공양을 한다. 먹을 것을 절제하는 수행을 통해 욕심부리지 않는 법을 배우는 것이다. 또한 수행 공동체 모두가 똑같은 음식을 나누어 먹기에 평등의 정신을 내포하고 있다. 생명을 존중하고, 탐욕을 경계하며, 모든 존재가 평등함을 추구하는 정신이 담겨 있는 식사법이 불교의 발우공양이다. 오늘날에는 불교의 의식(儀式)으로서 발우공양의 절차와 순서에만 관심을 갖기도 하는데, 무엇보다 발우공양이 지향하는 본래의 정신과 가치를 잊지 않는 것이 중요하다.

사찰음식에 담긴 지혜는 인생이라는 각자의 수행길을 가는 사람들에게 도움이 된다. 수행자가 깨달음에 이르기 위해 건강한 몸과 맑은 영혼이 필요한 것처럼, 한 사람이 진정한 자기 자신으로 살아가기 위해서는 건강한 몸과 맑은 마음이 필요하기 때문이다. 모든 사람이 아프지 않고, 정성스레 삶을 돌보며 살아가길 바라는 마음이다. 즐겁게 먹으면서 걱정도 미움도 본래는 없다는 사실을 알았으면 좋겠다.

쌀의 공덕

절에서 쌀은 아주 중요한 역할을 한다. 흰빛의 쌀은 그저 먹거리가 아니라 인연과 공덕의 매개체이며 스님 수행의 원천이다. 절에서는 공양미로 정성스럽게 밥을 지어 우선 부처님께 올리고(마지), 스님들도 공양을 한다. 공양한 시주자의 인연을 다하기 위해서 정성껏 수행하고 기도한다. 그로 인해 만물이 평등해지는 뜻을 이룬다. 스님은 수행과 기도를 통해 그 공덕을 온 세계와 나누는 일종의 중매자라 할 수 있다. 공양미로 매일 마지를 올리는 데는 이런 뜻이 있다.

불교에는 '삼륜청정(三輪淸淨)'이란 말이 있다. 보시를 하는 사람, 보시하는 물건, 보시를 받는 사람이 모두 집착에 얽매이지 않고 청정해야 한다는 것이다. 농사를 지어 보시하는 보시자, 시물(보시한 쌀), 보시를 받아 공양하는 수행자, 이렇게 삼위일체가 쌀의 공덕으로 좋은 인연을 맺게 된다. 보시자가 꼭 직접 농사를 지어 보시하는 것이 아니라도 그 뜻은 같다.

스님들은 한 달에 두 번, 초하루와 보름날이면 삭발을 한다. 머리를 밀면 기운이 빠지기에 '골을 메우기 위해(영양분 보충을 위해)' 단백질이 풍부한 음식을 먹거나, 끈기 있는 찰밥을 쪄서 공양을 한다. 숯불에 구운 김에 들기름을 발라 소금을 뿌려 찰밥과 먹으면 별식이다.

승소(국수)

"세상에 이렇게 맛있는 칼국수가 있나! 정관이가 끓인 국수가 제일이다!"

동화사에 있던 열아홉 살 시절, 팔공산에서 직접 딴 송이버섯으로 칼국수를 끓여 큰스님들께 공양드리곤 했다. 팔공산 송이버섯은 향기가 좋고 맛이 좋기로 으뜸이라, 큰스님들은 송이 철이 되면 동화사에 오셨다. 나는 어딜 가야 가장 좋은 송이버섯을 딸 수 있는지 알고 있었다. 바로 양진암 뒤 염불함 가는 산능선 계곡에 있는 송이밭이다. 이는 나만 아는 비밀이다. 노스님께도 알려드리지 않았다. 따온 송이버섯은 손으로 쭉쭉 찢고, 밭에서 딴 애호박을 굵게 채 썰어 준비한다. 가마솥에 맹물을 부어 끓이고, 안반과 홍두깨를 사용해 국수를 밀어 국수를 끓여낸다. 어시발우(밥을 담는 가장 큰 발우)에 담아 드리면 너무 좋아하셨고, 무척이나 맛있게 드셨다.

절에서는 국수 요리를 '승소'라고 한다. '스님의 미소'라는 뜻이다. 예로부터 우리나라에서 밀가루는 귀한 재료였고 국수도 귀한 요리였다. 주로 밥과 채소 반찬을 먹다 보니 국수 요리는 언제나 모든 스님이 기다리는 별미다.

국수가 얼굴에 미소를 선물하는 이유는 또 있다. 촘촘하고 엄숙한 규칙에 따라 생활하는 사찰에서, '국수 먹는 날'만큼은 공기가 조금 달라지기 때문이다. 공양간에는 밥을 짓는 담당자별 역할이 확실히 정해져 있다. 하지만 국수는 별미인 만큼, 다 같이 모여 힘을 합쳐 요리한다. 국수 먹는 날이면 절에 훈훈한 분위기가 돈다.

"오늘 국수 먹을까요?" 누군가가 이렇게 얘기해 저녁 메뉴가 정해지면 다들 입가에 미소를 띤 채 분주해진다. 커다란 가마솥에 물을 끓이고, 안반과 홍두깨를 꺼내 국수 반죽을 밀고, 누군가는 텃밭에 가서 애호박과 버섯을 따온다. 옹기에서 시원한 열무김치를 꺼내오고, 누군가는 뛰어가서 장작을 더 가져온다. 국수 요리를 잘하시는 노스님이 조금은 뽐내시듯 가마솥 옆에 서서 요리 과정을 총괄하는 동안, 행자가 이렇게 묻는다. "스님, 양념장에 청양고추 썰어 넣을까요?"

이렇게 북적북적한 분위기에서 완성한 국수는 각자 어시발우에 양껏 담아 다 같이 맛있게 먹는다. 엄숙한 사찰 생활에서, 국수 먹는 날은 잠시 즐거운 해방감과 연대를 느끼는 순간이다. 배불리 먹고 나면 조심스레 노스님께 여쭙는다. "스님, 국수를 너무 배불리 잘 먹어서, 이대로 저녁 예불 드리다간 국수가 다 올라올 거 같아요!" 너그러운 노스님은 스님들의 마음을 읽고 이렇게 말한다. "그래, 그러겠다. 오늘 저녁 예불은 쉬자." 하지만 깐깐한 노스님은 어림도 없다. "국수 먹었다고 예불 안 해? 당연히 해야지!"

손칼국수

필요한 도구

안반, 홍두깨, 채반

주재료

애호박 300g, 배춧잎 5개, 천일염 1작은술, 절간장 3큰술

양념장 재료

청양고추 2개, 절간장 약간

반죽 재료

밀가루 500g, 콩가루 150g, 들기름 2큰술, 절간장 2큰술, 소금물(물 450ml에 천일염 2작은술을 녹인 것)

먼저 깊은 그릇에 밀가루, 콩가루, 들기름, 절간장을 넣는다. 여기에 소금물을 조금씩 부어가며 손으로 반죽을 '매매(오래)' 치댄다. 반죽의 농도는 몰랑몰랑하고 손가락으로 눌렀을 때 쏙 들어갈 정도면 된다. 반죽을 베 보자기에 싸서 3시간 동안 시원한 곳에서 숙성한다.

이제 안반에 밀가루를 얇게 뿌리고, 숙성된 반죽을 가장자리부터 홍두깨로 밀면서 동그랗게 되도록 돌려가며 2~3mm 두께가 될 때까지 골고루 편다. 중간중간 반죽이 들러붙지 않도록 밀가루를 뿌린다.

이렇게 고르게 밀어둔 반죽을 반으로 접고, 다시 반으로 접기를 반복해 세로 길이를 5cm 정도로 만든다. 칼로 3mm 간격으로 곱게 썬다. 서로 붙지 않도록 밀가루를 뿌려 채반에 널어놓는다.

냄비에 국수 양의 세 배 정도 되는 물을 넣고 팔팔 끓인다. 애호박은 채 썰고 배춧잎은 손으로 찢어 준비한다. 물이 끓으면 절간장 3큰술, 천일염 1작은술을 넣어 간을 하고 국수 면을 넣는다. 한소끔 끓어오르면 애호박과 배춧잎을 넣는다.

절간장 약간에 청양고추를 썰어 넣어 칼국수와 함께 먹을 양념장을 만든다. 큰 그릇에 면과 채소를 함께 담아낸다.

두부

스님들은 예부터 한 달에 두 번 목욕재계하며 승복 빨래를 했다(요즘은 보통 열흘에 한 번씩 한다). 이날은 머리를 깎는 날이기도 하고, 무쇠 솥뚜껑에 노릇노릇 지진 두부구이를 먹는 날이기도 하다.

머리카락을 깎는 일은 에너지가 많이 소진될 뿐만 아니라, 실제로 내 몸의 단백질을 잘라내는 일이다. 그래서 스님들은 삭발하는 날이면 다 같이 두부구이를 먹으며 단백질을 보충한다. 장작불에 번철(무쇠 솥뚜껑)을 올리고 들기름을 듬뿍 붓는다. 그리고 두부를 지진다. 이때 아무나 두부를 굽는 게 아니다. 구울 자(炙) 자를 써서 자색, 즉 두부 굽는 스님이 두부를 지진다. 그러면 들기름에 두부 굽는 고소한 냄새가 사찰에 퍼진다. 잘 구운 두부에 산초장아찌를 올려 먹는 게 사찰의 별미다.

목욕재계하며 자기 머리를 깎는 것도, 머리를 깎으며 하심을 되새기는 것도 수행이다. 콩을 농사짓고 타작하는 것도, 그 콩으로 두부를 만드는 것도, 두부를 구워 먹는 것도 모두 수행이다.

두부

필요한 도구
믹서
베 보자기
냄비
두부 틀

주재료
백태(콩) 300g
물 2L
간수 250ml
(물 200ml,
천일염 1큰술,
식초 2큰술을
넣어 만든다)

콩을 깨끗이 씻어 물을 넉넉히 넣고 8시간 이상 불린다. 불린 콩은 물과 함께 믹서로 곱게 갈아준다. 간 콩을 베 보자기에 넣고 주무르며 비지와 콩물을 분리한다. 이 콩물이 두유다.

냄비에 콩물을 붓고 눋거나 넘치지 않도록 잘 저어가면서 끓인다. 콩물이 끓어오르면 불을 끈다. 콩물에 간수를 붓고 한 방향으로 저은 뒤 몽글몽글 응고되기 시작하면 뚜껑을 덮고 뜸을 들인다.

두유가 응고되면서 순두부가 만들어진다. 두부 틀에 젖은 면포를 깔고 뜸이 들어 몽글몽글해진 순두부를 큰 국자로 퍼서 담는다. 보자기를 잘 감싸고 그 위에 무거운 돌을 한 시간가량 올려둔다. 두부와 순물을 분리하는 과정이다. 기다리면 단단한 '모두부'가 완성된다.

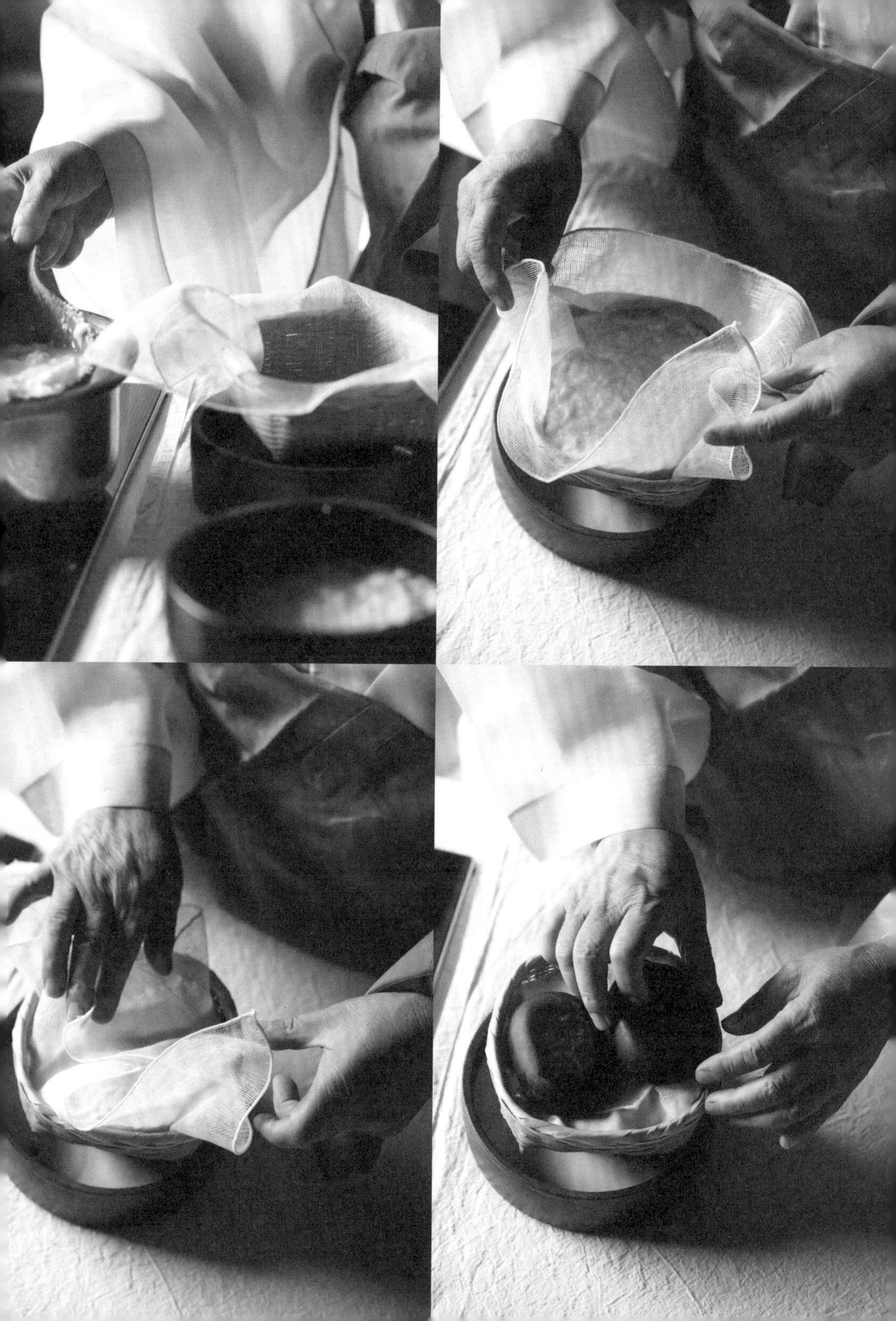

나물

한국인은 나물의 민족이다. 사찰에서는 자연의 시절 인연에 따라 산에 나는 산나물, 들에 핀 들나물, 농사짓는 농산물로 나물 반찬을 만들어 먹는다. 우리나라는 채식하기 참으로 좋은 환경이다.

3월이 되면 생강나무의 노란 꽃이 봄이 왔음을 알린다. 이즈음 스님들은 나무의 꽃과 새싹을 채취한다. 생강나무는 잎이 나오기 전에 꽃을 피우는데, 노란 꽃은 차로 만들고 잎은 부각 재료로 쓴다. 3월에 스님들이 산으로 올라오면 생강나무가 벌벌 떤다. 스님들이 잎을 다 따가니까. 이렇게 말하면 다들 웃음이 터진다.

4월과 5월에는 산과 들에 피는 산나물과 들나물을 먹는다. 땅에서 자라는 취나물, 참나물, 곰취를 참기름에 조물조물 무쳐 나물 반찬을 만든다. 음력 5월 5일 단오가 지나면 들풀에 독성이 생긴다. 열매 맺을 준비를 하면서 자신을 보호하려 독을 생성하는 것이다. 따라서 이때는 밭에서 키운 나물을 먹는다. 푸릇푸릇 자라난 쑥갓으로 쌈을 싸 먹고, 아욱으로 시원하게 된장국을 끓이고, 상추대궁김치(142쪽)도 만든다.

7월에는 열매가 익어간다. 여름 제철에 먹는 오이, 가지, 풋고추는 정말이지 아삭아삭하고 싱그럽다. 맛있다고 모든 열매를 다 먹어치우면 안 된다. 종자가 될 만한 튼실한 열매 몇몇은 남겨두어야 한다. 그리고 가을에 종자 씨앗을 잘 갈무리해둔다. 가을은 겨울을 준비하는 시기다. 9월에는 배추를 밭에 심고 석 달 동안 길러서 김장을 한다. 나물과 채소를 소금이나 간장에 절여 장아찌를 만들어두기도 한다. 천진암 참외장아찌는 맛있기로 유명하다.

겨울은 모든 에너지가 땅속으로 들어가는 시간이다. 봄부터 가을까지는 땅 위의 뿌리채소, 산나물, 들나물을 먹지만 한겨울에는 가을에 부지런히 채비해둔 저장 음식과 바다에서 나는 풀, 해조류를 먹는다. 미역, 김, 톳, 파래, 감태 등으로 나물을 무쳐 먹거나, 국을 끓여 먹는다. 겨울 파래전은 정말이지 특별하다.

가을에 갈무리해 둔 종자는 겨우내 잘 말리고 보관한다. 그리고 다시 봄이 오면 밭에 거름을 넣고 씨앗을 심는다. 이렇게 우리는 자연과 함께 순환한다. 제철 나물을 먹는 일은 자연의 섭리를 느끼는 일과 같다. 계절은 봄, 여름, 가을, 겨울로 쉼 없이 돈다. 우리도 그 자연의 울타리 안에서 살아간다. 사찰음식은 자연과의 조화를 이루는 삶의 철학을 제시한다. 이렇게 우리는 자연과 동화되고, 자연과 우리가 하나라는 사실을 깨닫는다.

김치

백양사 천진암에서는 11월 중순쯤, 본격적인 겨울이 오기 전에 김장을 한다. 국내외에서 70여 명이 모여 다 함께 김치를 담그는 연례 가을 행사다. 배추, 무, 갓을 산더미처럼 쌓아두고 역할을 나눠 다 함께 도와 완성하는 일이다. 여기저기서 웃음이 터지고, 분주하면서도 즐겁다.

김치가 음식이라면 김장은 문화다. 2014년에는 김장 문화가 유네스코 인류무형문화유산으로 지정되기도 했다. 사찰에서는 음력 7월 보름(백중날)이 지나면 김장 배추와 무 종자를 심는다. 한 달이 지나 8월 보름이 되면 자라난 풋배추로 추석 김치(아시 김치)를 만들어 먹는다. 석 달이 지나 10월 보름이 되면 입동이다. 이때 배추를 수확하고 김장을 준비한다. 배추김치, 무김치, 총각김치, 갓김치, 동치미 등을 담근다.

내가 담그는 김치는 사찰 김치이면서도 개성이 뚜렷한 편이다. 젓갈과 마늘을 넣지 않아 시원하고 가벼우며 덜 맵다. 불교 사찰은 오랜 세월에 걸쳐 김치 만드는 방식을 개발하고 발전시켜왔는데, 이 전통을 이으면서도 젊은 층과 외국인들도 잘 먹을 수 있게 새로운 시도를 해보았다. 예를 들어 양념장을 만들 때 찹쌀풀에 토마토, 비트, 피망 등을 갈아 넣는다. 발효를 돕기 위해 묵은 간장을 더하기도 한다. 열매로 만든 다양한 청을 발효액으로 넣으면 김치에 독특한 풍미가 더해진다.

오래 보관할 김치는 옹기에 담아 땅속에 묻어서 발효 숙성시킨다. 발효는 자연적인 과정 속에서 일어나는 변화다. 미생물이 유기물질을 아미노산과 젖산으로 전환해 효과적으로 새로운 영양소를 만들어내고 풍미를 발산한다. 발효는 여러 요인이 상호작용하는 복잡한 과정이다. 부처님의 가르침처럼 삶은 서로 돕지 않고는 불가능하다. 이렇게 만든 김치는 몇 개월이 지나도 여전히 맛이 좋다. 오래 묵은 김치로 찜(144쪽)이나 찌개를 만들기도 한다.

여름 물김치

필요한 도구

배추 절일 대야 2개, 큰 볼

주재료

배추 1kg, 작은 흰색 무 2개, 굵은 천일염 200g

양념장 재료

찹쌀풀 3큰술(383쪽 참고), 천일염 1큰술, 절간장 2큰술, 작은 배 1개, 생강 20g, 복분자 청 2큰술, 비트 간 것 약간

배추 밑동을 잘라 다듬는다. 칼로 밑동에 칼집을 낸 뒤 손으로 배추를 반으로 나눈다. 다시 배추를 반으로 나눈다. 큰 대야에 물 2L를 붓고 천일염 120g을 넣어 녹인다. 배추 자른 면을 밑으로 가게 해서 소금물에 담갔다가 바로 뺀 뒤, 나머지 천일염을 잎 사이사이에 뿌려준다.

천일염을 뿌린 배추는 층층이 쌓고 위에 무거운 것을 올려 눌러준다. 이렇게 5시간 절이는데, 중간에 한두 번 뒤집어준다.

절인 배추는 흐르는 찬물에 세 번 씻어준다. 그리고 자른 면을 밑으로 가게 해서 물기를 뺀다. 다음으로 무를 씻어 손질한다(무 잎은 자르지 않고 그대로 사용한다). 무를 반으로 잘라 천일염을 친 후 2시간 동안 절인다. 절인 무도 마찬가지로 흐르는 물에 씻어서 물기를 뺀다.

큰 볼에 찹쌀풀을 넣고 천일염으로 간을 한다. 곱게 간 배와 생강, 절간장, 복분자청을 넣어 잘 섞는다. 여기에 물을 조금씩 부어 연한 양념장으로 만든다. 무와 배추가 잠길 정도면 좋다. 배추를 볼에 넣어 양념장을 골고루 잘 묻힌 다음, 겉잎으로 배추를 감싸 마무리한다. 마지막으로 배추에 간 비트를 조금씩 올려주면 아름다운 색깔을 더할 수 있다.

무도 양념장에 넣어 잘 무친 다음 기다란 무 잎으로 무를 둘둘 감아 마무리한다. 김치통에 담을 때는 우선 무를 넣은 다음 그 위에 배추 포기를 넣고 다시 무를 올린다. 끝으로 남은 양념장을 붓는다. 통에 담긴 김치를 잘 눌러준 다음 뚜껑을 덮고 실온에서 2~3일 둔 후 냉장 보관한다. 일주일을 기다리면 김치에 맛이 든다. 무와 배추를 썰고 국물을 함께 내어 먹는다.

배추김치

필요한 도구

배추 절일 커다란 대야 2개

재료

배추 2kg, 굵은 천일염 350g

양념장 재료

찹쌀풀 6큰술(383쪽 참고), 중간 굵기의 고춧가루 4큰술, 곱게 다진 청각, 절간장 4큰술, 굵은 천일염, 송송 썬 토종 갓, 붉은 피망 1개, 사과 1개, 배 1개, 생강, 복분자청 4큰술

배추를 절일 큰 대야에 물을 가득 받아 천일염을 녹인다. 이때 소금물의 농도는 바닷물만큼 짜게 맞춘다. 배추 밑동에 칼집을 내 배추를 반으로 나누고, 다시 한번 잘라서 4등분한다.

배추를 준비한 소금물에 잠시 담갔다가 건진다. 그런 다음 사이사이 천일염을 솔솔 뿌린다. 다른 대야에 천일염을 뿌린 배추를 차곡차곡 쌓은 후 위에 무거운 것을 올려 5시간을 절이고, 뒤집어서 다시 5시간을 절인다. 잘 절여진 배추는 한 포기씩 흐르는 물에 두 번 씻어 채반에 올려 반나절 동안 물기를 뺀다.

이제 양념을 준비한다. 먼저 생강과 배 껍질을 깎는다. 붉은 피망, 사과, 배, 생강을 작게 썰어 믹서에 넣고 곱게 간다. 크고 널따란 볼에 찹쌀풀을 넣고 믹서에 간 것을 넣는다. 여기에 복분자청, 절간장, 고춧가루, 청각, 갓을 넣고 잘 저어가며 섞는다. 마지막으로 천일염을 넣어 간한다. 다음으로 채반에 건져놓은 배추에 양념을 골고루 바른다. 김치통에 배추를 차곡차곡 넣고 남은 양념장을 부어준 다음 잘 눌러준다. 오랫동안 보관할 김치에는 위에 천일염을 더 뿌려 짭조름하게 만든다. 뚜껑을 닫아 3일간 실온에 둔 다음 냉장 보관한다.

상추대궁김치

주재료
상추 1포기
천일염
비트 반쪽

양념장 재료
토마토 2개
홍고추 3개
찹쌀풀 2큰술
(383쪽 참고)

상추는 깨끗이 손질하여 소금물에 10분간 절인다. 절인 상추는 흐르는 물에 씻어 소쿠리에 올려 물기를 뺀다. 비트 뿌리는 채 썰어 준비한다.

이제 양념장을 만든다. 토마토와 홍고추를 굵게 썰어 믹서에 간다. 볼에 찹쌀풀을 넣고 믹서에 간 것을 넣어 섞는다. 이때 비트 채 썬 것도 넣어준다. 상추를 볼에 넣고 양념이 잘 배도록 버무려 마무리한다.

3년 묵은지 찜

필요한 도구

가마솥

주재료

3년 묵은지 4쪽, 당근 1개, 무 반쪽,
불린 표고버섯 4개,
청고추, 홍고추 각 3개씩,
편으로 썬 생강 5쪽, 들기름 4큰술,
된장 1큰술, 절간장 2큰술,
복분자청 3큰술, 조청 2큰술,
참깻가루 2큰술

묵은지를 흐르는 물에 헹궈 양념을 씻어낸 다음, 1시간 정도 물에 담가 양념기를 뺀다. 당근과 무는 3~4cm 두께로 얇게 썰고, 불린 표고버섯은 반으로 자른다. 고추는 어슷썰기하여 준비한다.

가마솥에 들기름을 두른 후 양념기를 뺀 묵은지를 포기째 켜켜이 돌려 담는다. 김치가 잠길 만큼 물을 붓고 강불에 끓인다. 팔팔 끓어오르면 약불로 낮추고 준비해둔 당근과 무, 표고버섯, 편으로 썬 생강, 청고추와 홍고추를 넣고 푹 익힌다.

한소끔 끓으면 된장, 절간장, 복분자청, 조청을 넣어 약불에 은근히 끓여 졸인다. 묵은지가 푹 익으면 마지막에 참깻가루를 넣고 간하여 마무리한다.

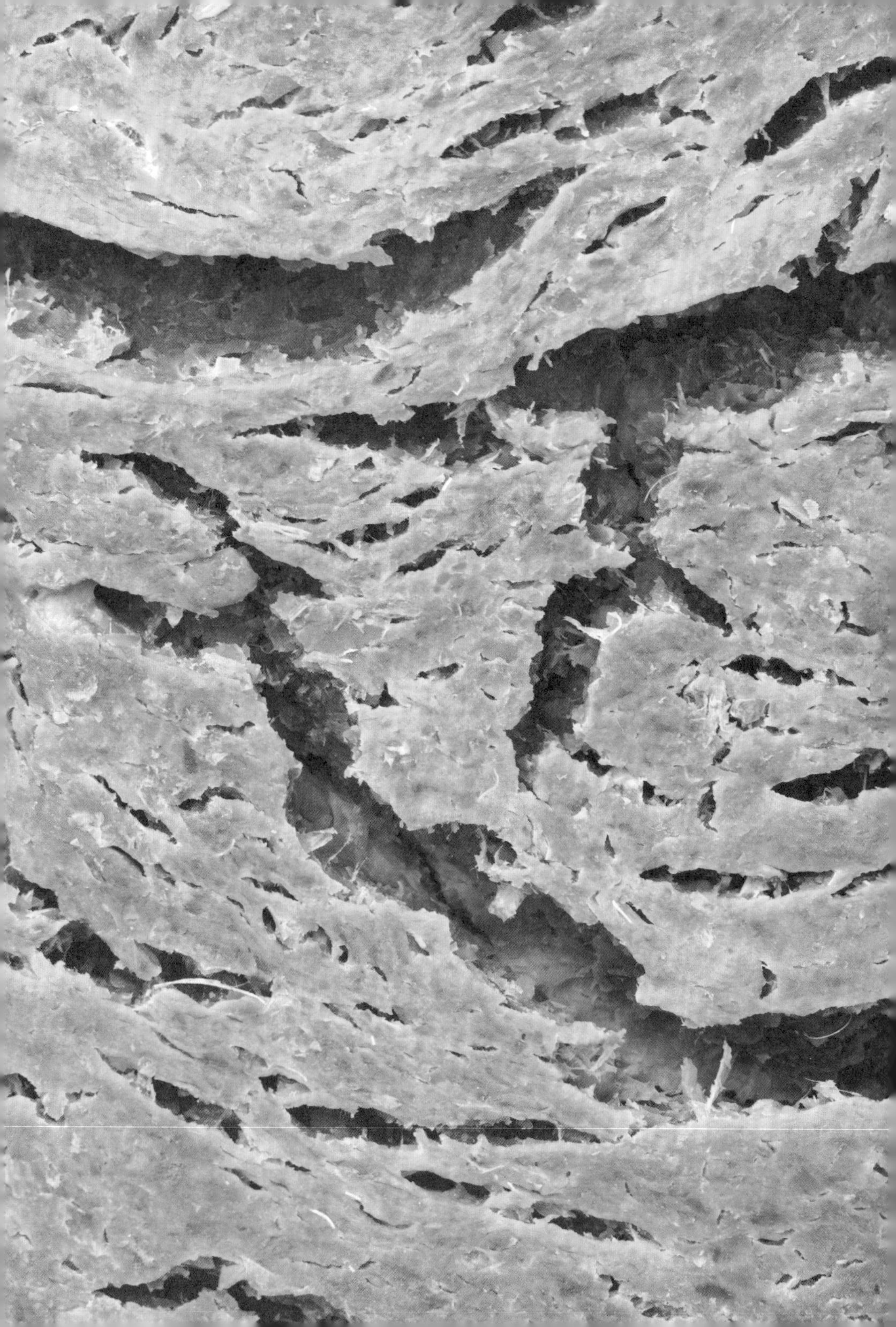

메주와 간장

콩을 삶을 때는 콩 삶는 일에만 집중해야 한다. 긴 호흡으로, 정성을 들여야 하는 일이다. 사찰에서는 가을에 수확한 콩을 푹 삶아 직접 메주를 만든다. 그리고 이 메주로 간장과 된장을 만든다. 모두 발효의 놀라운 산물이다. 들어가는 재료는 콩과 물, 소금뿐이지만, 제대로 만들어내기 위해선 긴 시간과 인내심, 자연의 원리에 대한 이해가 필요하다.

장 만들기는 메주를 쑤는 일로 시작한다. 금방 타작한 콩을 다섯 시간 정도 불려서 가마솥에 붓고 다섯 시간 정도 푹 끓인다. 잘 삶은 콩을 절구에 빻고 메주 틀에 '매매' 눌러 담아 모양을 잡는다. 그다음 새끼줄로 엮어 볕이 잘 드는 공중에 매달아둔다. 이것이 1차 발효다. 메주가 속까지 잘 마르면, 따뜻한 방에 볏짚을 깔고 메주를 올린 뒤 볏짚을 덮어둔다. 이것이 2차 발효다. 미생물의 공급원인 볏짚의 역할이 아주 중요하다. 메주는 이듬해 봄까지 수개월 발효시킨다.

일반적으로 사찰에서는 정월 보름에 장을 담그는데, 나는 매년 봄에 장을 담근다. 어릴 때 어머니가 매년 삼짇날(음력 3월 3일)에 장을 담그셨다. 어머니의 전통을 따르는 셈이다.

간장은 메주를 소금물에 담가 다시 발효시켜 만든다. 여러 단계의 발효를 거쳐 탄생하는 셈이다. 준비물은 메주, 장독, 소금물 그리고 인내심이다. 장을 담그기 전날, 메주를 잘 씻어서 햇볕에 말린다. 소금물은 바닷물 정도의 염도로 준비한다. 다음 날 잘 마른 메주를 장독에 차곡차곡 쌓는다. 장독의 3분의 2까지 채우고 메주가 뜨지 않게 대나무로 눌러준다. 여기에 메주가 푹 잠기도록 소금물을 붓는다. 장독에 생달걀을 띄웠을 때 500원 동전 크기로 보이면 딱 좋은 염도로 맞춘 것이다. 더 가라앉으면 싱겁고, 더 많이 뜨면 짜다. 한 달간은 따뜻한 곳에 두고 해가 뜨면 뚜껑을 열어주고, 해가 지면 뚜껑을 닫아줘 가며 정성스레 발효시킨다. 한 달이 지나 날씨가 더워지면 벌레가 생기기 시작하므로, 삼베 보자기로 장독 뚜껑을 만들어 덮어둔다. 장독에 담긴 메주는 여름의 시작부터 말복까지 더위를 받아들이며 발효를 시작한다.

시간이 지나 숙성이 되면 메주와 날간장을 분리한다. 이 날간장을 약불에 끓이면 간장이 된다. 메주는 다시 으깨어 된장을 만든다. 천진암의 간장과 된장에서는 백양사를 둘러싸고 있는 비자나무의 향이 스며들어 무엇과도 비교할 수 없는 특별한 맛이 난다. 예부터 우리는 간장 맛이 좋으면 그 집 음식 맛도 좋다는 말을 했다. 전에는 많은 가정에서 전통 방식으로 간장을 직접 담가 먹었다. 이렇게 만든 간장을 절간장이라 불렀다. 요즘은 절간장을 찾아보기가 어렵지만, 나는 항상 직접 담근 절간장을 고수한다.

간장은 시간과 발효의 마법을 보여주는 음식이다. 메주콩, 소금, 물이 시간과 함께 섞여 향긋하고 진한, 새로운 무언가로 변화한다. 생명을 가능하게 하는 자연의 신비가 그 안에 담겨 있다.

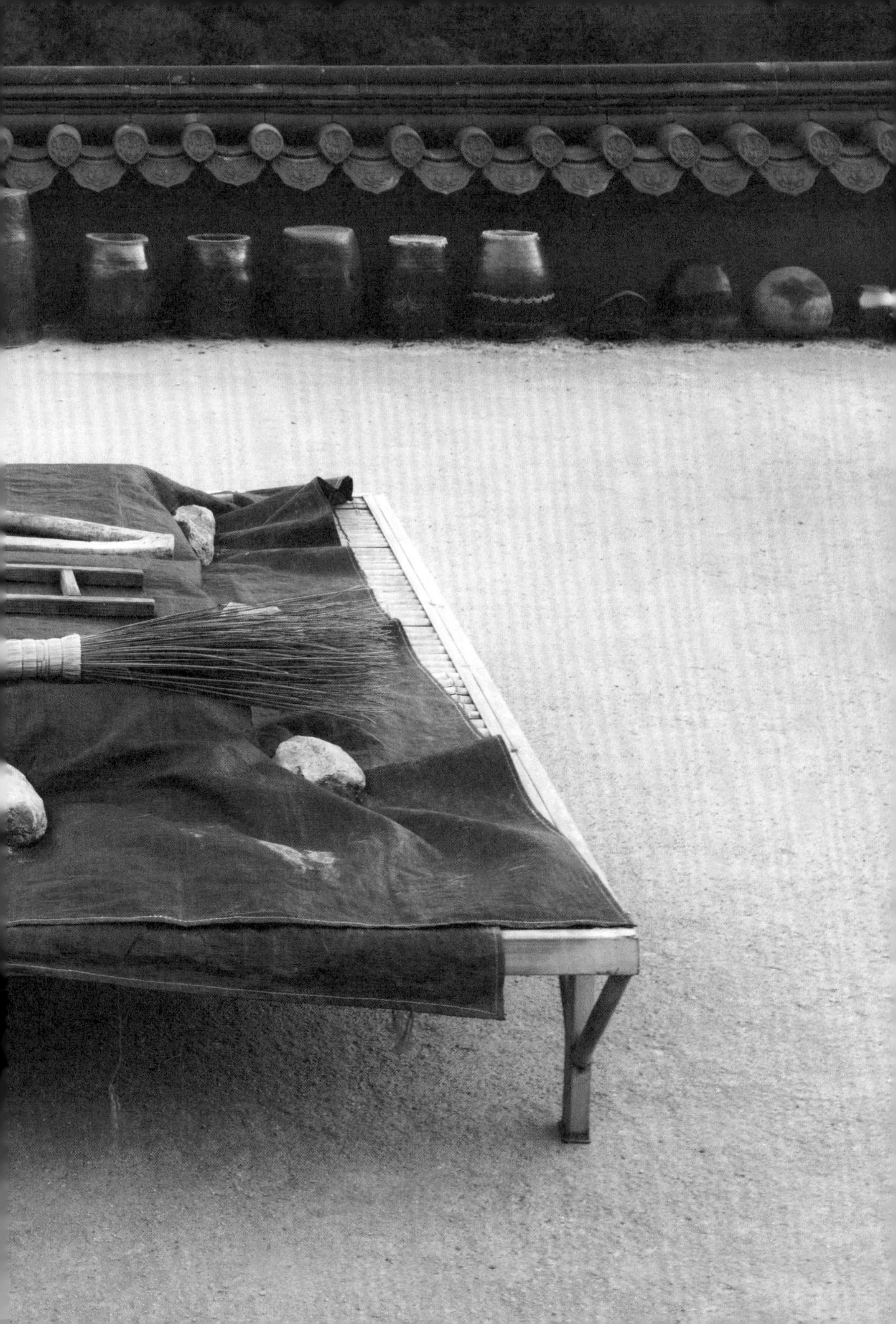

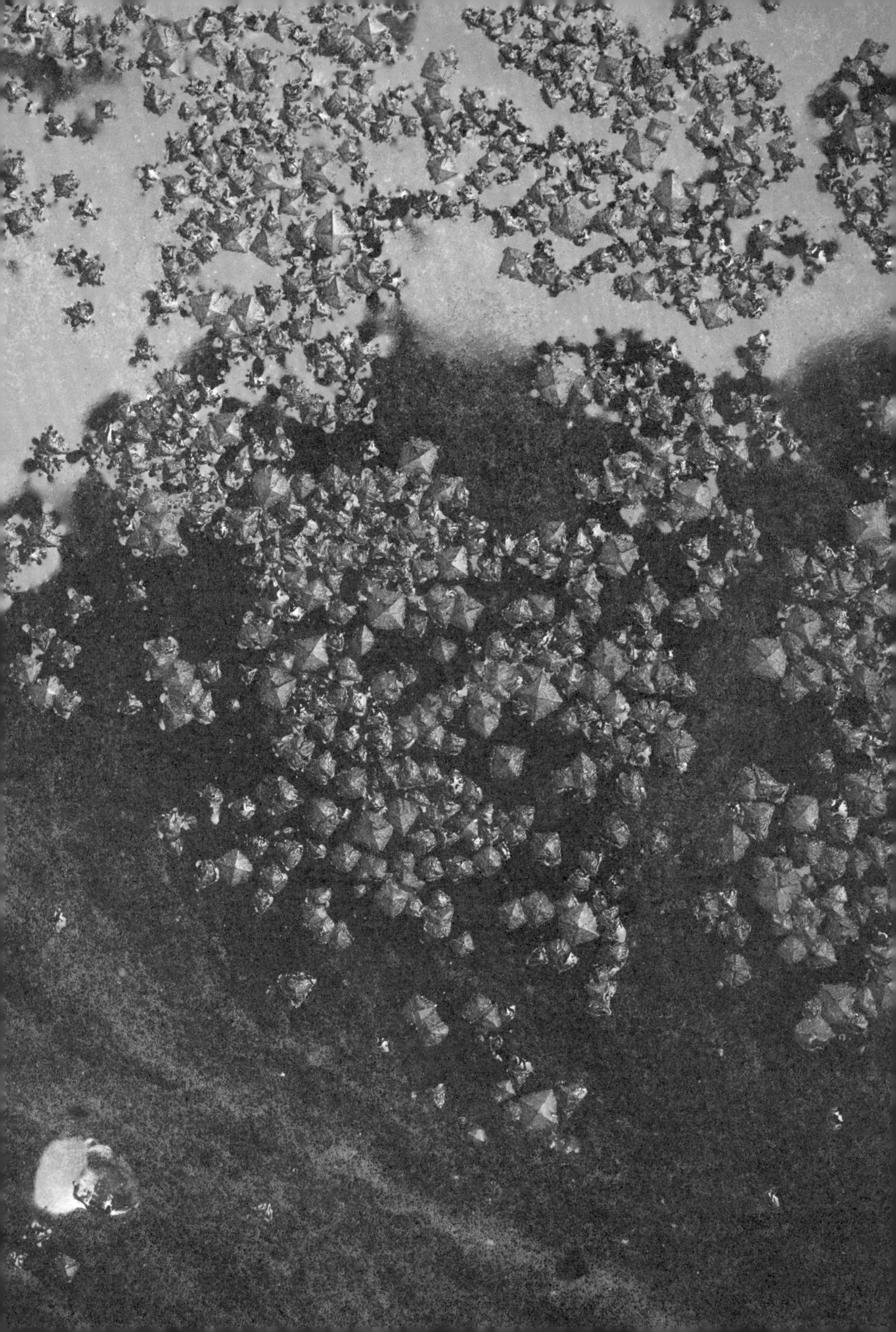

장아찌

나는 장아찌 스님, 짠지 스님이다. 제철에 나는 식재료로 사시사철 장아찌를 담근다. 봄에는 제피잎, 가시오가피, 취나물, 두릅 그리고 참죽으로 장아찌를 만든다. 스님들에겐 3대 장아찌가 있는데, 바로 봄 제피잎장아찌와 참죽장아찌, 가을 산초장아찌다. 그중 참죽장아찌는 4월 중순에서 5월 초에 나는 첫 순을 따서 만든다. 먼저 참죽을 짭짤한 소금물에 1시간 절인 다음 소쿠리에 건져 물기를 뺀 후 햇빛에 구들구들해지도록 말린다. 냄비에 물을 3분의 2 정도 채우고 절간장 1큰술을 넣고 팔팔 끓여 한소끔 김을 뺀다. 여기에 고운 고춧가루와 조청을 넣고 되직하게 개어 양념을 만든다. 양념의 고춧가루가 불면 여기에 깨소금을 넣고 간을 짭조름하게 맞춘다. 그런 다음 채반에 널어 꾸들꾸들해진 참죽을 양념에 넣어 버무린다. 단지에 차곡차곡 넣고 밀봉해 일주일간 시원한 곳에 보관한다.그 자체로도 맛있지만, 간이 조금 심심하다면 참기름이나 깨소금을 넣어 무쳐 먹는다. 장아찌를 만들 때 가장 중요한 것은 소금물에 절이는 것이다. 그래야 오랫동안 맛이 변하지 않는다. 참죽장아찌는 귀한 음식이라 노스님의 생신, 초파일 등 특별한 날에 낸다.

여름에는 오이, 풋고추, 상추대궁, 토마토, 참외로 장아찌를 만들고 가을에는 연근, 우엉 등의 뿌리채소로 장아찌를 만든다. 그리고 대망의 가을 산초장아찌를 만든다. 추석 전후, 씹으면 '톡' 소리가 나도록 잘 익은 산초를 송이째 따서 손질한다. 다듬은 산초는 팔팔 끓는 물에 넣고 1분 정도 저으며 데치고, 5~6시간 찬물에 우려내 아린 맛을 제거한다. 그런 다음 소쿠리에 건져 물기를 빼고 단지에 넣는다. 짭짤한 농도로 물에 절간장을 푼 다음 팔팔 끓인다. 한소끔 식힌 뒤 산초 단지에 붓는다. 2개월 숙성하여 흰죽이나 두부구이에 얹어 먹으면 좋다.

김장철 김장 무와 배추로 담는 장아찌는 정말 맛있는 밥도둑이다. 어떻게 만드는지 살짝 공개한다. 가을 김장 무를 가로로 반 쪼개 단지에 차곡차곡 쌓는다. 그 위에 무 높이만큼 소금을 퍼붓는다. 10일 정도 지나면 무가 소금에 절여져서 무에서 나온 물이 가득 차오른다. 삼복 더위에 숙성시키고 가을에 뚜껑을 열어보면 속이 노랗게 변해 있다. 이렇게 1년 숙성한 것을 건져서 햇빛에 꾸덕꾸덕하게 말린다. 그런 다음 단지에 차곡차곡 넣고 그 위에 무거운 돌을 올려 눌러준다. 여기에 절간장과 물을 1대 1로 섞어 가득 붓는다. 그런 다음 또 1년간 숙성시킨다. 가을이 오면 된장에 조청, 간장을 조금 넣고 양념을 만들어 무와 된장을 켜켜이 올려 쌓아 또 1년을 숙성한다. 3년이 지나면 건져서 술지게미와 오미자청 거른 찌꺼기(열매)를 섞어 또 켜켜이 쌓아 또 1년을 숙성한다. 5년이 되면 꺼내서 먹는다. 무장아찌를 얇게 썰어 조청과 깨소금을 넣어 무쳐 먹으면 훌륭한 밑반찬이 된다. 김밥을 쌀 때도 넣고 연잎밥 만들 때도 넣는다. 10년을 두고두고 먹어도 변하지 않는다. 배추장아찌도 같은 방법으로 만들 수 있다. 이렇게 만든 장아찌는 내 몸을 살리는 약이다.

청

백양사 천진암 주변에는 비자나무, 감나무, 은행나무, 탱자나무 등이 자란다. 거기서 나오는 열매로 청이나 식초를 만든다. 이외에도 곡물, 호박, 나물, 뿌리, 해초, 꽃으로도 청을 만들기도 한다. 청을 직접 만들어 요리에 사용하면 특별한 풍미가 더해진다. 청은 자연의 복잡한 변화 과정을 요리에 활용하는 방법이다. 옹기에 과일이나 열매를 설탕에 담가 통풍이 좋은 곳에서 1년간 두면 설탕이 분해되면서 발효가 시작되고, 발효로 새로운 풍미가 생겨난다. 청은 3년에서 5년 정도 발효되었을 때 가장 맛이 좋다.

탱자청

탱자 20kg
설탕 20kg

천진암 앞 담장에는 지금도 열매를 맺는 500년 된 탱자나무가 있다. 이 나무는 장성군의 보호수다. 매화꽃이 떨어질 무렵 탱자꽃이 희커니(하얗게) 핀다. 열매는 초록빛이었다가 가을이 무르익으면 주황색으로 물든다.

탱자를 수확해 청을 만드는 건 가을의 연례행사 중 하나다. 탱자나무에는 가시가 많아 열매를 따기 어렵다. 나는 담장 위로 올라가 대나무 막대로 나무를 턴다. 아주 열심히 턴다. 그러면 아래서 기다리던 사람들이 탱자를 주워 소쿠리에 담는다. 탱자는 흐르는 물에 수세미로 빡빡 씻는다. 탱자나무 아래 멍석을 깔고 도마, 칼, 탱자와 같은 양의 설탕을 준비한다. 탱자를 네 조각으로 자르고 씨를 빼서 곱게 채 썬다. 그릇에 탱자를 담고 설탕을 부어 잘 버무린 뒤 3일 동안 실온에 보관한다. 3일 뒤 다시 한번 버무려 단지에 꼭꼭 눌러 담아 밀봉한다. 이렇게 5년을 숙성한다.

탱자청은 나물을 무치거나 겉절이 양념으로 사용한다. 아토피를 치료하는 민간 요법으로도 쓰인다. 500년 된 탱자나무의 열매로 청을 담그고 긴 시간을 기다려 이것으로 음식을 만드니, 그 요리가 바로 내 몸을 살리는 약이 되는 게 아닐까.

매실청

매실 20kg
설탕 20kg

매년 여름, 6월 15일에서 20일 즈음이면 구례 섬진강 옆 매실밭에 가서 매실을 따와 청을 만든다. 매실은 처음에는 초록색이지만, 점차 익어가면서 노란색으로 변한다. 익기 전 매실은 시큼한 맛이 강한데, 익으면 단맛이 난다. 매실은 즙을 내거나 장아찌로 만들어 먹어도 맛있다.

매실을 잘 씻은 뒤 채반에 올려 물기를 뺀다. 매실을 설탕과 잘 버무려 단지에 켜켜이 담고 보름간 통풍 좋은 곳에 둔다. 보름 뒤 매실을 손으로 잘 저어 설탕을 녹여주고, 그대로 다시 밀봉해 1년을 기다린다. 1년이 지나면 매실을 거르고, 매실청을 담갔던 단지에는 매실액만 남겨 다시 숙성한다. 숙성한 지 3년이 되었을 때가 설탕의 기운이 빠지고 매실액이 부드럽게 발효되어 맛의 절정이다. 매실청은 양념과 음료로 쓴다.

복분자청

복분자 20kg
설탕 20kg

6월이면 백양사에서 멀지 않은 청정마을에 복분자를 따러 간다. 복분자 열매는 여름에는 붉은빛을 띠다가 검붉게 변한다. 천진암 복분자청은 단맛과 신맛이 조화로우며 무척 향기롭다.

복분자를 씻지 않고 그대로 단지에 담아 설탕을 4kg정도 넣고 밀봉하여 일주일간 선발효한다. 일주일 뒤 단지에 나머지 설탕을 모두 넣고 잘 버무린 다음 꾹꾹 눌러 담아 다시 밀봉한다. 은행나무 아래 두고 1년 동안 자연 발효시킨다. 다음 복분자 열매가 나올 때쯤 단지를 열어 복분자를 거르고, 복분자액만 남겨 2년 더 숙성한다. 3년 숙성한 복분자청은 채소 겉절이나 조림용에 넣어 단맛을 내기도 하고, 음료수로도 최고의 맛을 자랑한다.

오미자청

오미자 20kg
설탕 20kg

오미자는 하늘 아래 첫 동네라 불리는 복흥면에서 가져온다. 오미자밭 옆에는 사과나무도 있어서, 여기서 사과를 함께 따와서 식초를 담그기도 한다.

오미자를 잘 씻은 후 물기가 빠지도록 채반에 둔다. 대야에 오미자를 담아 설탕을 넣고 버무려 햇볕 아래서 일주일간 1차 발효를 시킨다. 중간에 한두 번 저어준다. 일주일 뒤 단지에 오미자를 눌러 담고 밀봉하여 선방 앞 탱자나무 아래 두고 발효시킨다. 1년 뒤 단지를 열어 오미자를 걸러내고, 단지에는 오미자액만 남겨 1년 더 숙성한다. 오미자청 맛은 상큼하고 톡톡 튄다. 오미자를 맛본 외국인들은 그 맛에 깜짝 놀란다. 오미자청은 여름에 음료로 만들어 마시면 환상적이다.

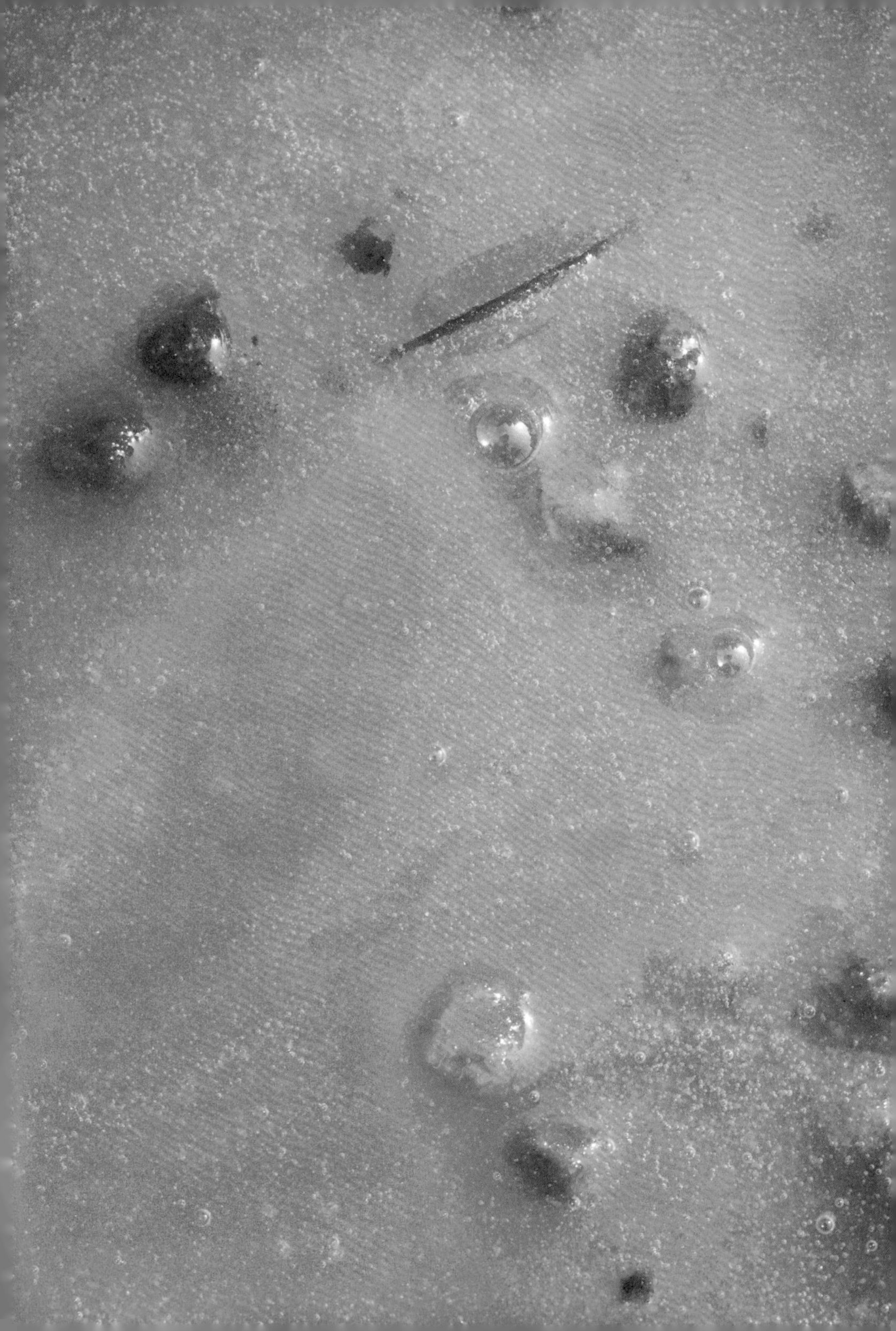

조청

불린 쌀 2kg
엿기름 1kg
물 5L
전기밥솥

쌀을 불려 전기밥솥에 밥을 짓는다. 이때 쌀 양과 물의 양은 1대 1 비율로 한다. 밥을 지었으면 엿기름물을 만든다. 엿기름에 물 2L를 붓고 30분 동안 불린 후 손으로 주물주물 주무른다. 다시 물 2L를 붓고 한동안 주무른 뒤 찌꺼기가 빠지도록 팍팍 치댄다. 찌꺼기를 걸러내면 엿기름물이 준비된다.

밥이 되면 엿기름물을 붓고 밥 덩어리가 뭉치지 않도록, 밥알이 으깨지지 않도록 풀어준다. 뚜껑을 닫고 보온으로 3시간 정도 삭힌다. 뚜껑을 열면 삭은 밥알이 동동 떠 있을 것이다. 그 밥알이 손으로 잘 으깨질 때까지 삭히면 된다. 촘촘한 소쿠리에 광목천을 깔고 삭힌 것을 부어 물을 꼭 짠다. 거른 식혜 물을 솥에 붓고 센불에 끓인다. 물이 3분의 1로 줄었을 때 중불로 낮추고, 잔거품이 일면 약불로 낮춘다. 수분이 날아가면서 거북이 등처럼 큰 거품(500원짜리 동전 크기)이 뻐끔뻐끔 일어난다. 이때 타지 않게 잘 저어준다. 여러 요리에 두루 쓰이는 조청 완성이다.

※ 밥을 엿기름에 삭힌 물을 끓이면 식혜가 되고, 식혜를 끓이면 조청이 되고, 조청을 졸이면 엿이 된다.

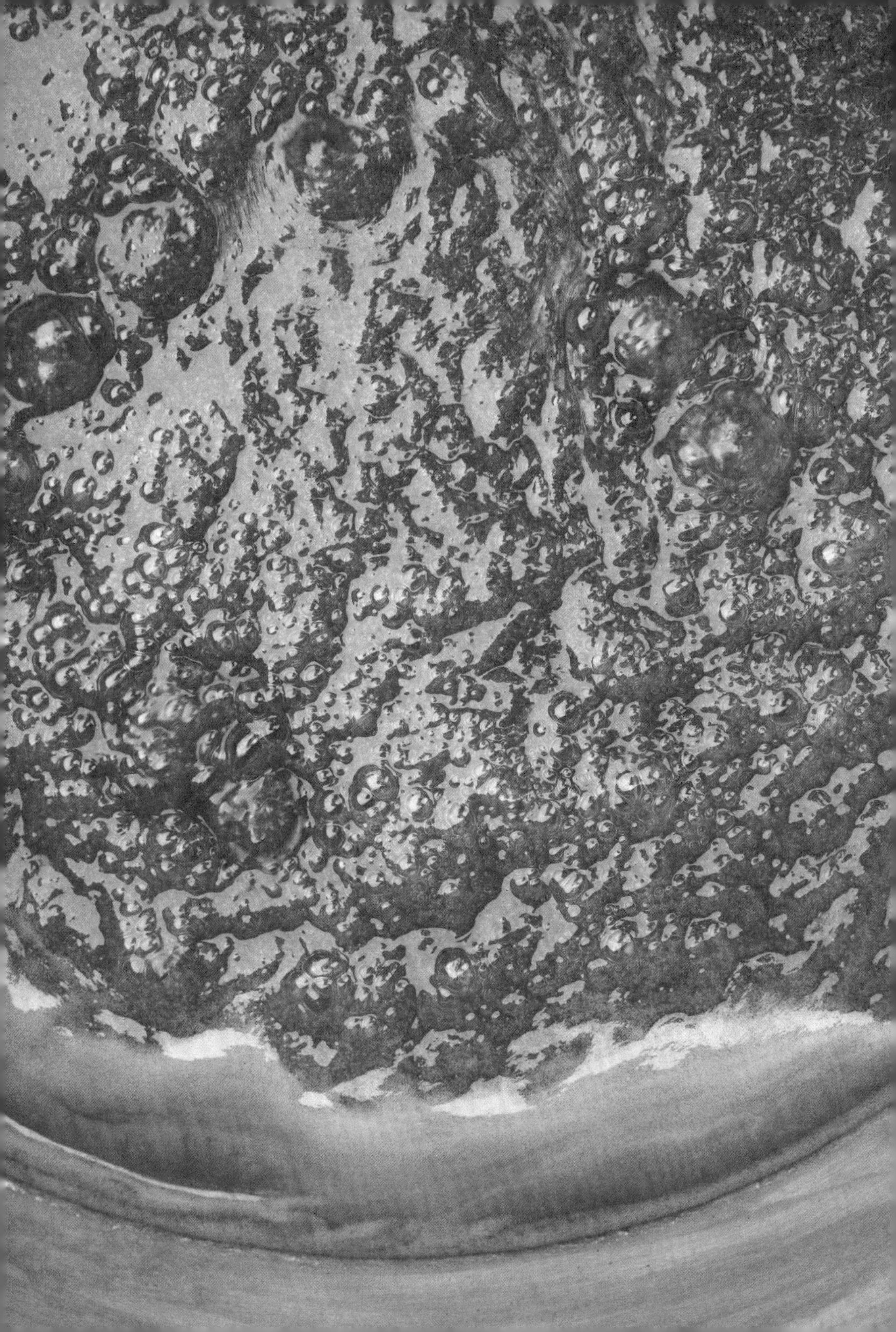

양념

음식을 위한 보물 창고

많은 사람이 내게 음식 비결을 물어본다. 비밀 양념이라도 있는지 알고 싶어 한다. 하지만 내가 음식 하는 과정을 잠시만 들여다봐도 그런 건 없다는 걸 금세 알 수 있다. 일단 사용하는 양념 자체가 많지 않다. 그리고 대부분 직접 만든 양념을 쓴다. 조금 다른 게 있다면 흔히 '양념'이라 불리는 것들만 양념으로 사용하지는 않는다는 점이다. 음식에 따라 과일과 채소, 곡물도 양념으로 사용한다.

음식 준비 과정은 간단할수록 좋고, 재료도 소박한 것들로 충분하다. 가장 많이 사용하는 양념은 소금, 간장, 된장, 고추장이다. 소금은 천일염을 사용하는데, 수분이 약간 남아 있기에 5년 동안 포대에 담긴 그대로 보관해서 수분을 완전히 뺀다. 그렇게 말린 소금은 손에 닿는 느낌이 전혀 다르다. 입자는 거칠고 바삭하며 살짝 단맛이 난다.

간장, 된장, 고추장은 직접 담근다. 매년 장을 담그기에 해마다 다른 색과 맛을 내는 묵은장들이 생긴다. 고추장은 음식으로 생각하기에 양념으로는 거의 사용하지 않는다. 4월 초파일에 먹는 사찰 비빔밥에도 고추장 대신 튀긴 미역을 절구에 찧어 양념으로 쓴다. 영양이 풍부해 봄에 필요한 철분과 지방까지 챙겨준다. 이는 예전에 노스님께 배운 것인데, 정말 고소하고 나물의 맛을 한층 풍성하게 만들어주는 비빔밥 양념의 묘수다.

이른 봄에는 냉이간장, 조금 지나면 제피잎간장, 여름에는 고수간장, 가을엔 무청간장 등 계절에 따른 간장 양념을 만든다. 이런 간장들은 국수나 수제비의 양념으로 쓴다. 식초 또한 시간이 선사하는 매우 중요한 양념이다. 감식초, 나물식초, 막걸리식초, 돌배식초 등을 직접 만들어 사용한다.

참기름은 열을 사용하지 않는 음식을 할 때, 즉 나물을 무칠 때 주로 쓰고, 들기름은 볶거나 조리는 요리에 사용하여 재료의 맛과 향을 끌어낸다. 들깻가루는 다양한 음식에 쓸 수 있는 양념이면서 영양도 풍부하다. 가을에 농사지은 들깨를 털어 곱게 간다. 이 들깻가루는 묵나물에 써도 잘 어울리고, 토란국에 넣어도 좋다. 고사리에 들깻가루를 넣어 무치면 영양도 더하고 비린내도 제거할 수 있다.

봄과 여름에는 산야초의 꽃이나 열매를 따 말려두기도 한다. 절구에 찧어 가루를 내면 국물을 낼 때 사용하기에 좋다.

공양간의 선반에는 겨자, 제핏가루, 방앗잎가루, 고수, 말린 꽃, 다양한 뿌리채소 가루, 계피 등을 준비해둔다. 내 음식에 비결이 있다면 이처럼 시간을 들여 만든 다양한 양념들 그리고 작은 재료 하나하나에 정성을 다하는 마음에 있을 것이다.

차

천진암에는 아담하고 소박한 다실이 있다. 미닫이문을 열면 산과 계곡이 보인다. 함께 일하는 사람들과 이 다실에서 차를 마시며 이야기를 나눈다. 여러 일로 멀리서, 또 가까이서 손님들이 찾아올 때도 언제나 이곳에서 차를 대접한다.

백양사에는 하루 중 절반은 참선하고 절반은 농사를 짓는다는 '반선반농(半禪半農)' 수행 가풍이 있다. 이는 1914년부터 24년 동안 백양사의 주지였던 만암스님의 가르침이다. 백양사 스님들은 그 실천으로 은행나무, 감나무, 비자나무, 차나무를 심으며 승가 자립의 사원 경제를 이뤄냈다. 지금도 천진암 대웅전 뒤 약사암 가는 길에는 단풍나무와 대나무 사이에 차나무가 많다.

다실에는 직접 따서 말린 찻잎과 국내외의 다양한 차가 구석구석 즐비하다. 때마다 전국의 차 밭을 두루 다니고 차의 산지, 제조 방법, 효과에도 관심을 갖다 보니 그렇게 되었다. 따뜻한 차는 온몸으로 천천히 퍼져나가 머리를 맑고 명료하게 한다. 다실 한가운데에는 나무줄기처럼 자연스러운 모양으로 부드럽게 휘어진 길고 낮은 테이블이 있고, 그 위에는 다관, 차 보관함, 차 수저, 숙우, 찻잔들이 가지런히 놓여 있다. 나는 손님들과 맞은편 자리에 나란히 앉아 차를 우려낸다.

한 번 차를 내리고 이후 맛의 강도와 색이 다른 차를 이어서 마신다.

불교는 동아시아에 차 문화를 꽃피웠다. 불교가 번성하고 전역으로 전파되며 차도 함께 중요한 요소가 된 것이다. 스님들은 부처님께 예불을 드릴 때 차를 올렸고, 직접 차를 만들어 마셨다. 천진암에서도 부처님께 차를 공양으로 올린다. 기회가 될 때마다 사람들과 차 명상 프로그램을 함께 하기도 한다. 식물과 종교가 인간과 인연을 맺으며 독특한 문화 전통을 탄생시켰다는 사실이 흥미롭다.

나의 음식

많은 사람이 내게 레시피를 묻는다. 하지만 사실 나는 레시피 없이 요리한다. 철마다 달라지는 식재료의 종류와 상태에 따라 조리법도 양념도 달라지기 때문이다. 그럼에도 레시피를 하나하나 정리한 것은 꼭 수행자가 아니어도 음식으로 자기 삶을 바꿀 수 있다는 것을 알리고 싶어서다. 누구나 자연의 시절 인연에 따라 자연식을 먹고, 자신을 스스로 돌보며 더 행복해지기를 바라는 마음이다.

이 책에 정리한 레시피를 법처럼 여기지 말고, 열린 마음으로 보고 탐구해보길 권한다. 각 계절에 먹으면 좋은 채소는 무엇인지, 그 재료를 어떻게 다루고 준비해야 고유의 풍미를 살린 음식을 만들 수 있는지 알려주는 가이드로 이해해도 좋다. 이 레시피를 바탕으로 각자의 호기심과 창의력을 펼쳐보길 바란다. 자연과 조화를 이루는 사찰음식의 철학을 이해하고, 더 좋은 식습관을 가질 수 있다면 더 바랄 게 없다. 더 많은 사람이 건강해지고, 삶이 좋아지는 것을 보고 싶을 따름이다.

3부

사계절 레시피

정관스님

후남 셀만

봄

계절은 돌고 돌기에 사실 시작도 끝도 없다. 우리가 보는 것은 자연의 경이로운 흐름과 생명력 그 자체다. 사계절 안에 우리의 삶이 녹아 있고 자연은 절기마다 특별한 영양소, 향과 풍미, 질감과 색을 지닌 먹거리를 제공한다. 부처님은 건강을 유지하려면 자연 그대로의 음식을 먹어야 한다고 설파하셨다. 계절이 바뀌면 그에 따라 우리 몸도 다른 영양분이 필요하다. 자연이 우리를 위해 무엇을 준비하고 있는지 주의를 기울여보자.

봄이 되면 겨울 동안 축적된 에너지가 밖으로 뿜어져 나온다. 움츠렸던 생명이 봄의 밝고 따듯한 기운과 함께 온 세상으로 뻗어 나간다. 수줍고 소심한 봄기운은 이내 모든 것에 싹을 틔우고 세상을 초록으로 물들이며 꽃을 피워낸다. 대나무 숲에서 죽순 자라는 소리가 들려오고 개울가의 미나리 향이 바람 타고 밀려온다. 스님들도 밖으로 나가 씨를 뿌리고, 수확한 것을 햇볕에 말려 보관한다. 일찌감치 찻잎을 따고 버섯이 자라는 곳도 돌아본다. 봄의 새롭고 담백한 맛을 전년도의 묵은 맛과 조화시켜 보완하는 것이 중요하다. 지난 가을에 말린 묵은 뿌리와 나물과 열매는 봄의 새잎이나 새순보다 영양분이 더 풍부하기 때문이다. 사찰에서는 신선한 봄 채소와 나물을 전년도 곡물과 함께 요리하는 전통이 있다.

4월 초파일 비빔밥

밥 (4인분)

멥쌀 300g, 찹쌀 100g, 참기름 1큰술, 천일염 약간

취나물

생취나물 40g, 삶은 건취나물 40g, 참기름 각 1큰술, 절간장 각 1큰술, 참깻가루 각 1큰술, 들기름 1큰술

곰취나물

삶은 건곰취나물 40g, 들기름 1큰술, 절간장 1큰술, 참기름 1큰술, 참깻가루 1큰술

고사리나물

삶은 고사리 40g, 들기름 1큰술, 절간장 1큰술, 참기름 1큰술, 참깻가루 1/2큰술

버섯나물

느타리버섯 200g, 들기름 1큰술, 절간장 조금

무생채나물

중간 크기의 흰 무 하나, 천일염 약간, 매실청 1큰술, 식초 1큰술, 절간장 약간, 고운 고춧가루 1작은술, 참깻가루 1작은술

구운 두부 / 미역 튀김

두부 100g, 들기름 1큰술, 건미역 10g, 식용유

1. 멥쌀과 찹쌀을 깨끗이 씻어 30분간 불린다. 냄비에 참기름 1큰술, 천일염을 약간 넣고 밥을 짓는다. 이때 물의 양은 쌀과 1대 1 비율로 맞춘다.
2. 생취나물은 펄펄 끓는 물에 살짝 데쳐 찬물에 헹구고 참기름, 절간장, 참깻가루를 넣고 살살 무친다. 삶은 건취나물은 팬에 들기름을 넣고 볶다가 물을 2큰술 넣고 뚜껑을 덮어 한소끔 김이 나면 참기름, 절간장, 참깻가루를 넣고 간한다.
3. 팬에 들기름을 두르고 삶은 건곰취나물을 볶는다. 나물이 부드러워지면 절간장, 물 3큰술을 넣고 뚜껑을 닫아 뜸을 들인다. 뚜껑을

열어 물기를 날리고 참기름, 참깻가루를 넣고 간한다.

4 팬에 들기름을 두르고 삶은 고사리를 중불에 볶는다. 나물이 부드러워지면 절간장, 물 3큰술을 넣고 뚜껑을 닫아 한소끔 끓인다. 물이 졸아들면 뚜껑을 열어 물기를 날린다. 참기름, 참깻가루를 넣고 간한다.

5 느타리버섯은 끓는 물에 살짝 데친 후 찬물에 헹궈 물기를 손으로 꼭 짠다. 손으로 먹기 좋은 크기로 찢어 팬에 들기름을 두르고 살살 볶는다. 끝으로 절간장으로 간한다.

6 무는 깨끗이 씻은 뒤 4cm 길이로 곱게 채 썬 후 천일염, 매실청, 식초에 5분간 절인다. 절인 무는 꼭 짜고 절간장, 고춧가루, 참깻가루를 넣어 살살 버무린다.

7 두부는 너비 3cm, 길이 4cm, 두께 1cm로 썰어 소금을 뿌린 다음 들기름에 노릇하게 굽는다.

8 미역은 가위로 잘게 잘라 식용유에 튀긴다. 기름 온도는 180도가 적당하다. 튀긴 미역은 절구에 넣어 잘게 빻아 가루를 만든다.

9 그릇에 밥을 담고 나물을 밥의 가장자리에 정갈하게 담는다. 노릇하게 구운 두부를 중앙에 올린다. 튀긴 미역 가루로 간을 맞추어 비벼 먹는다.

콩나물국

콩나물 300g
미나리 50g
홍고추 1개
천일염 1큰술
참깻가루 약간
물 1.5L

1. 콩나물은 손질하여 맑은 물에 깨끗이 씻는다. 미나리와 홍고추는 송송 썬다.
2. 냄비에 물 1.5L를 붓고 물이 끓으면 콩나물을 넣고 뚜껑을 닫아 3분간 끓인다. 그 다음에 중불로 줄여 약 5분간 끓인다. 한소끔 끓으면 소금으로 간한다.
3. 썰어둔 미나리와 홍고추를 고명으로 올리고 위에 참깻가루를 올려 마무리한다.

흑임자죽

필요한 도구
믹서

흑임자죽 가루 12큰술 (흑임자가루 6큰술, 멥쌀가루 6큰술)

천일염

물(가루 양의 3배)

1. 멥쌀과 흑임자를 믹서에 곱게 갈아 (흑임자와 쌀은 1대 1 비율) 잘 섞는다. 흑임자가루와 멥쌀가루를 냄비에 넣고 가루의 양만큼 찬물을 부어 10분간 불린다.
2. 불린 죽가루에 나머지 물을 붓고 중불에서 잘 저어가며 10분간 끓인다. 죽이 엉기기 시작하면 눋지 않게 잘 저어준다. 죽 농도를 보며 물을 조금씩 더해주면서 약불에서 5분 더 끓인다.
3. 한소끔 끓이면 검은 흑임자죽에서 윤기가 난다. 불을 끄고 뚜껑을 덮어 뜸을 들인다.

죽순 들깨 나물

죽순 200g
들기름 2큰술
된장 1큰술
통들깻가루 1큰술
천일염 조금
절간장 1 작은술

1. 죽순 껍질을 벗겨 반으로 자른 뒤 깨끗이 씻는다(죽순의 하얀 속만 사용한다). 냄비에 물을 끓여 죽순을 넣고 삶는다. 그냥 물 대신 쌀뜨물이나 된장을 조금 푼 물에 삶으면 더욱 좋다.
2. 잘 삶아진 죽순은 먹기 좋은 결대로 손으로 손질한다.
3. 팬에 들기름을 두르고 중불에 죽순을 볶는다. 냄비에 볶은 죽순을 담고 죽순이 잠기도록 생수를 붓고 절간장을 넣어 은근하게 끓여서 졸인다. 물이 거의 졸아들면 통들깻가루를 골고루 뿌리고 천일염으로 간하여 마무리한다.

봄 취나물

취나물 300g
노랑, 빨강 파프리카 약간
절간장 1큰술
참깻가루 1큰술
참기름 1큰술

1. 취나물을 잘 손질한다. 냄비에 물을 끓여 취나물을 넣고 5분간 줄기가 무르도록 삶는다(건취나물은 물에 몇 시간 불린 다음 끓인다). 삶는 동안 파프리카를 곱게 다진다.
2. 삶은 나물을 건져서 찬물에 헹군 다음 손으로 살짝 짠다. 볼에 취나물을 넣고 절간장, 참깻가루, 참기름, 다진 파프리카를 넣어 살살 무친다.

숙주 미나리 나물

숙주 150g
미나리 50g
천일염 1작은술
절간장 1큰술
참깻가루 1큰술

1. 미나리는 줄기 부분만 사용한다. 미나리를 씻고 냄비에 물을 끓여 줄기를 살짝 데친다. 잎은 버리지 말고 다른 요리에 사용한다.
2. 숙주도 미나리 데친 물에 넣어 살짝 데치고 찬물에 헹군다. 숙주와 미나리에 물기가 살짝 남아 있게 손으로 짠다.
3. 볼에 숙주와 미나리를 넣고 천일염, 절간장, 참깻가루를 넣고 살살 무친다.

갓 물자박 김치

갓 1kg
물 2L
천일염 200g
찹쌀가루 5큰술
오미자청 5큰술
건홍고추 1개

1. 물 1L에 천일염 150g를 넣어 소금물을 만든다. 갓을 씻은 후 소금물에 넣어 10분간 절인다. 절인 갓을 건져내 씻고 물이 빠지게 살짝 눌러준다.
2. 물 1L에 찹쌀가루를 넣고 잘 저어가며 끓인다. 한 김 끓어오르면 불을 끄고 식힌 후 천일염 3큰술과 오미자청을 넣고 잘 젓는다. 이때 싱거우면 천일염을 조금 더한다. 여기에 절인 갓을 넣어 잘 무친다.
3. 김치 담을 통에 갓을 두 포기씩 손으로 돌돌 말아 넣는다. 남은 양념을 위에 붓고 홍고추를 작게 썰어서 올린다. 실온에서 이틀 숙성시킨 후 먹는다. 남은 것은 냉장보관한다.

천진암 녹차잎 오이선 애호박 두부찜

생찻잎 한 줌
애호박 반 개
오이 1개
두부 70g
참깻가루 1큰술
참기름 1작은술
절간장 2큰술
감식초 약간
매실청 약간
천일염 약간

1. 천진암 비자림에서 자란 어린 찻잎을 따서 햇볕에 살짝 숨을 죽인 다음, 흐르는 물에 씻고 절간장과 참깻가루에 살살 무친다.
2. 애호박을 씻어 1.5cm 두께로 썬다. 가운데 씨 부분을 티스푼으로 절반쯤 파내고 천일염을 뿌려 밑간한다.
3. 두부는 끓는 물에 데쳐 손으로 곱게 으깨 두부소를 만든다. 천일염 조금, 참기름을 넣어 밑간한다.
4. 속을 파낸 애호박에 두부 소를 채운다. 찜기에 찻잎을 깔고 속 채운 애호박을 올려 5분간 찐다.
5. 오이는 5mm 두께로 자르고 사이사이에 찻잎을 넣을 수 있게 칼집을 두 번 내준다. 오이를 감식초, 천일염, 매실청에 5분간 절인다. 절인 오이는 손으로 물기를 살짝 짠 다음 양념해둔 찻잎을 오이 사이사이에 채운다.
6. 그릇 가운데 애호박 두부찜을 놓고 녹차잎 오이선을 예쁘게 담아낸다.

이 요리는 정관스님에게 특별한 의미가 있는, 스님의 시그니처 요리다. 스님은 한쪽 눈을 감고도 이 요리를 할 수 있다고 이야기한다. 표고버섯은 사계절 나오지만, 봄과 가을에 딴 것이 가장 맛있다. 화고보다 일반 표고버섯을 사용하는 게 모양이 좋다.

표고버섯 조청 조림

표고버섯(건표고) 20개
생수 500ml
절간장 2큰술
들기름 2큰술
조청 2큰술

1. 신선한 표고버섯을 씻어 밑동을 칼로 잘라내고 봄 햇볕에 3일간 말린다.
2. 말린 버섯은 물에 담가 불리고, 불린 물은 두었다가 조릴 때 사용한다.
3. 오목한 팬에 버섯 불린 물과 생수를 버섯이 잠길 만큼 붓고 절간장, 들기름을 넣고 끓인다. 바글바글 끓으면 버섯을 넣고 조린다. 소스가 잘 배도록 수저로 소스를 계속 버섯에 끼얹어준다.
4. 물이 반쯤 줄어들면 약불로 줄여 천천히 조린다. 물이 자작해졌을 때 조청을 넣고 윤기 나게 조려 마무리한다.

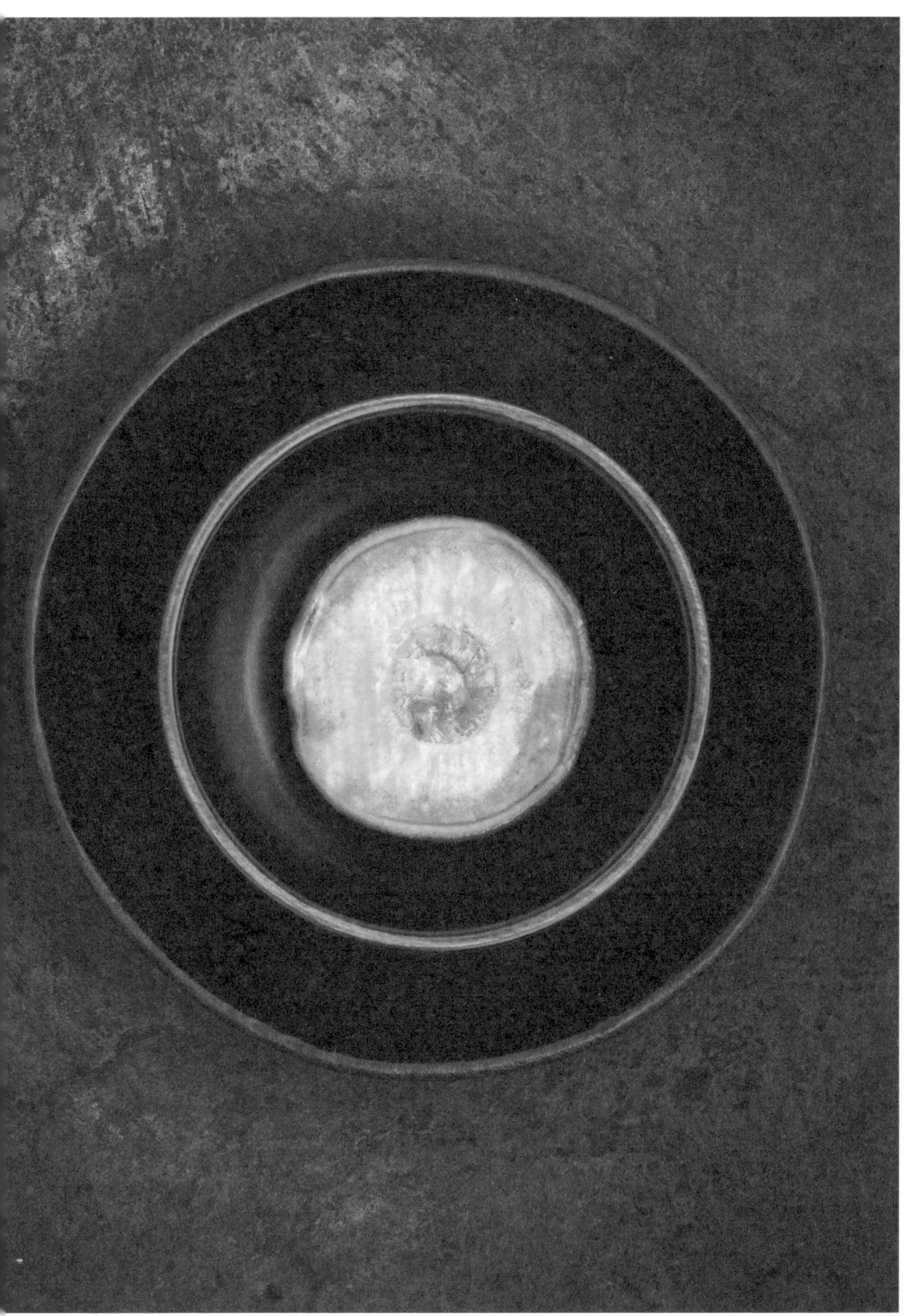

미나리 고추장전

미나리 300g
희아리고추 1개
감자 200g
메밀가루 100g
찹쌀고추장 20g
콩기름
절간장
들기름

1. 미나리는 깨끗이 씻어 반으로 자르고 희아리고추는 중간 굵기로 빻는다.
2. 반죽을 만든다. 감자를 강판에 갈고 메밀가루, 절간장, 들기름을 넣고 물을 조금 부어 되직하게 반죽한다. 반죽을 반으로 나누어 한쪽에는 찹쌀고추장을 섞는다.
3. 미나리 절반에는 하얀 반죽을 바르고, 나머지 절반은 고추장 반죽을 바른다. 팬에 콩기름과 들기름을 두르고 미나리를 노릇노릇 지진다. 빻은 희아리고추를 고명으로 올린다.

정관스님의 부각은 많은 사람이 좋아하는 특별한 음식이다. 한입 먹으면 독특한 맛과 향을 느낄 수 있는데, 비자 향이 스며 있는 절간장과 발효한 찹쌀풀로 만들기 때문이다. 가정에서 발효 찹쌀풀을 만들기 어렵다면, 일반 찹쌀풀을 써도 된다.

사찰음식의 꽃, 부각

부각을 만들 때 유념할 것은 두 가지다. 기름 온도를 220도로 맞출 것. 그리고 신속히 튀길 것. 조금만 지체되어도 색이 검게 되고 쓴맛이 난다.

발효 찹쌀풀

찹쌀
절간장
소금

큰 그릇에 필요한 양의 찹쌀을 씻지 않고 준비한다. 여기에 찹쌀 양의 3배 정도 되는 물을 부어 8~10일간 발효시킨다. 며칠 지나면 작은 방울이 올라오기 시작한다. 발효의 증거다. 발효를 마치면 찹쌀을 찬물에 씻어 물을 뺀다. 그리고 갈아서 풀이 되도록 끓인다. 끝으로 절간장과 천일염으로 간한다.

연근 부각

연근
천일염
찹쌀풀
튀김용 콩기름

1. 연근 껍질을 벗기고 잘 씻은 다음 얇게 썬다(햇연근은 껍질째 써도 좋다). 냄비에 물을 끓여 약간의 천일염을 넣고 연근을 1~2분간 짧게 삶는다. 이때 비트 한 조각을 넣어 끓이면 분홍 색깔을 낼 수 있다. 체로 건져 물기를 뺀다.
2. 연근에 찹쌀풀을 발라서 햇볕에 하루 동안 말린다.
3. 다음 날 말린 연근을 콩기름에 한 줌씩 튀긴다. 체로 건져 기름이 빠지도록 잠깐 둔 후 키친타월에 올린다.

감자 부각

감자(굵은 것)
천일염
튀김용 콩기름

1. 감자는 껍질을 벗기고 2mm 두께로 얇게 저민다. 저민 감자를 볼에 넣고 찬물에 5시간 정도 담가 녹말을 뺀다.
2. 냄비에 물을 끓여 천일염을 조금 넣고 감자를 살짝 데친다. 데친 감자는 겹치지 않게 늘어놓고 햇볕에 하루 동안 말린다.
3. 다음 날 말린 감자를 콩기름에 튀긴다. 이때 흰색이 유지되도록 짧게 튀긴다. 체로 건져 기름이 빠지도록 잠깐 둔 후 키친타월에 올린다.

김 부각

김
찹쌀풀
통깨
튀김용 콩기름

1. 김의 한쪽 면에 찹쌀풀을 얇게 바른다. 다른 김 한 장을 그 위에 올리고 그 위에도 찹쌀풀을 바른다. 중간에 통깨를 얹은 후 햇볕에 하루 동안 말린다.
2. 다음 날 말린 김을 먹기 좋은 크기로 네모나게 잘라 콩기름에 튀긴다. 체로 건져 기름이 빠지도록 잠깐 둔 후 키친타월에 올린다.

가죽나물 부각

가죽나물
찹쌀풀
깨
튀김용 콩기름

1. 잘 씻은 가죽나물을 끓는 물에 살짝 데친다. 건져서 찬물에 헹군 뒤 손으로 꼭 짜준다.
2. 가죽나물 잎을 펼쳐 찹쌀풀을 바르고 깨를 뿌려 햇볕에 하루 동안 말린다.
3. 다음 날 말린 가죽나물을 콩기름에 튀긴다. 체로 건져 기름이 빠지도록 잠깐 둔 후 키친타월에 올린다.

여름

더운 여름은 성장의 계절이다. 자연은 햇볕의 열을 에너지로 만들어 모든 것을 무르익게 만든다. 곡식이 여물기 시작하고 과일과 열매가 커지며 단맛이 더해진다. 채소와 나물도 물기가 오르고 식감도 단단해지며 맛과 향이 절정에 이른다. 오이, 배추, 가지, 애호박 같은 채소와 메밀, 두부는 뜨거운 더위를 이기는 데 도움이 되는 식재료다. 몸을 시원하게 하고, 여름을 잘 견딜 수 있게 한다. 몸의 열기를 줄여주는 시원한 음식과 장아찌나 된장 같은 발효재료를 함께 섭취하면 소화에 도움이 되고 몸이 편안해진다.

연잎밥

연잎 5장
찹쌀 500g
풋콩과 강낭콩 한 줌
천일염

1. 찹쌀은 씻지 않은 채로 1시간 정도 물에 불린다.
2. 연잎은 가운데 꼭지를 오려내고 3등분으로 다듬는다.
3. 풋콩과 강낭콩은 씻어 준비한다. 강낭콩은 끓는 물에 10분 정도 삶는다.
4. 불린 찹쌀을 씻은 다음 소쿠리에 건진다. 찜솥에 베 보자기를 깔고 찹쌀을 20분 정도 애벌로 찐다. 볼에 찐 찹쌀, 풋콩, 삶은 강낭콩을 담고 천일염으로 간을 한다. 주걱으로 골고루 섞어준다.
5. 연잎을 펼쳐 중앙에 적당량의 찹쌀밥을 올린다. 밥을 꼭꼭 눌러가며 약봉지를 싸듯 오므려, 찜솥에 넣고 15~20분간 찐다. 연잎 색이 짙어지면 뜸을 들이고 마무리한다.

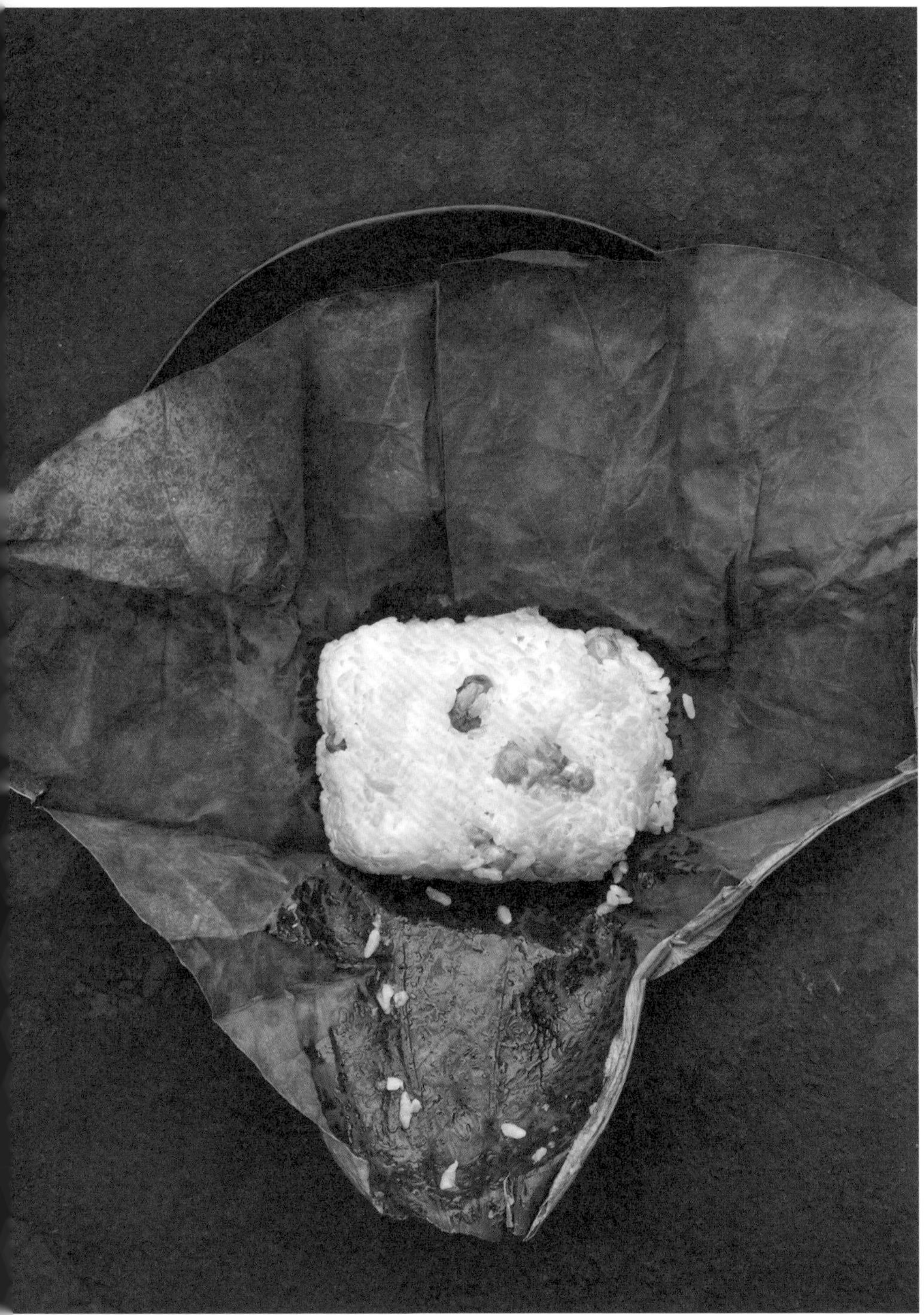

맑은 얼갈이 배춧국

배춧잎 300g
두부 200g
생콩가루 5큰술
천일염

1. 배춧잎은 깨끗이 씻어 손으로 먹기 좋은 크기로 뜯는다. 두부는 반으로 나눠 하나는 깍두기 모양으로 썰고 남은 절반은 손으로 부드럽게 으깬다.
2. 냄비에 물을 넣고 강불에 올린다. 물이 끓으면 배추를 넣고 더 끓이다가 배추가 말갛게 익으면 두부를 넣는다.
3. 두부가 위로 동동 뜨면 생콩가루를 솔솔 뿌리고 천일염으로 간한다. 뚜껑을 열고 한소끔 더 끓여 마무리한다.

토마토장아찌

초록 토마토 1kg
방울토마토 1kg
천일염 200g
설탕 400g

1. 초록 토마토와 방울토마토를 깨끗이 씻어 준비한다.
2. 초록 토마토는 반을 갈라 5mm 두께로 슬라이스한다. 볼에 슬라이스한 토마토를 담고 천일염 100g, 설탕 200g을 넣어 3시간 절인다. 토마토가 절여지면 체로 건져 물기를 빼고, 식품건조기에 넣어 55도에서 5시간 건조한다. 다시 햇빛에 두고 뒤집어가며 5시간 정도 건조한다.
3. 방울토마토는 꼭지를 떼고 끓는 물에 데친 다음 찬물에 넣어 껍질을 벗긴다. 볼에 방울토마토를 넣고 천일염 100g과 설탕 200g을 넣어 3시간 절인다. 토마토가 절여지면 거름망으로 건져 식품건조기에 넣고 60도에서 5시간 건조한 뒤, 다시 햇빛에 두고 뒤집어가며 5시간 정도 건조한다. 건조된 초록 토마토와 방울토마토를 손질하여 저장한다. 진공으로 저장하면 몇 달간 보관할 수 있다.

산초장아찌

잘 익은 산초
절간장
물
천일염

1. 추석 무렵(8월과 9월 사이) 나오는 잘 익은 진한 초록색 산초를 준비한다. 먹기 좋은 크기로 손질한 다음 깨끗이 씻는다. 냄비에 물과 천일염을 넣고 끓여 산초를 데치고, 건져서 찬물에 5시간 정도 담가둔다. 그리고 채반에 건져둔다.
2. 큰 솥에 절간장과 물을 1대 2 비율로 섞어서 끓인다. 끓어오르면 천일염으로 간하여 짭조름하게 만든 다음 식힌다.
3. 산초를 옹기나 유리병에 차곡차곡 넣고 준비한 간장을 산초가 잘 덮이도록 붓는다. 산초가 뜨지 않게 돌이나 무거운 것으로 눌러둔다. 1년 동안 통풍이 잘 되고 선선한 곳에 발효되도록 둔다.

구운 두부 산초장아찌

두부 300g
산초장아찌 10g
천일염
들기름 3큰술

두부는 3cm 두께로 썰고 위에 천일염을 살살 뿌린다. 팬에 들기름을 두르고 두부를 노릇노릇 굽는다. 구운 두부 위에 산초장아찌를 올려 마무리한다.

산초의 상쾌한 향과 구운 두부의 고소한 맛이 잘 어울린다. 산초를 씹을 때 터지는 소리가 청량하다. 산초기름으로 구운 두부는 최고의 맛이다.

오이 나물

오이 2개
천일염
콩기름과 들기름
참깻가루

1. 오이를 깨끗이 씻어 5mm 두께로 썬다. 볼에 썬 오이를 넣고 천일염과 물을 조금 뿌려 5분간 절인다.
2. 오이에 물기가 없도록 짠다. 팬에 들기름과 콩기름을 두르고 오이를 볶아준다. 오이나물이 파랗게 익으면 참깻가루를 넣고 천일염으로 간한다.

콩나물 카레 볶음

콩나물 500g
카레가루(또는 강황가루) 2큰술
들기름 2큰술
하늘국화 꽃잎

1. 콩나물은 손질하여 깨끗이 씻는다. 팬을 달궈 들기름을 두르고 센불에서 콩나물을 빠르게 볶는다. 콩나물 비린내가 가시면 카레가루를 넣고 덩어리가 생기지 않게 골고루 저어준다.
2. 끝으로 보랏빛 하늘국화 꽃잎을 고명으로 올려 마무리한다.

연근 유자청 무침

연근 1개
감식초 2큰술
매실청 1큰술
유자청 50g
조청 1큰술
건청고추 1개
천일염 약간

1. 연근은 깨끗이 씻어 필러로 껍질을 벗기고 5mm 두께로 얇게 썬다.
2. 냄비에 물을 끓여 감식초를 1큰술 넣고, 연근을 넣어 5분간 끓인다. 말갛게 익으면 물기를 뺀다.
3. 볼에 연근을 담고 감식초 1큰술, 매실청 1큰술, 천일염을 넣어 섞고 5분간 밑간한다.
4. 다른 볼에 남은 감식초, 유자청, 조청을 넣어 양념을 만든다. 밑간한 연근에 양념을 붓고 손으로 뜯은 청고추와 함께 살살 버무려 마무리한다.

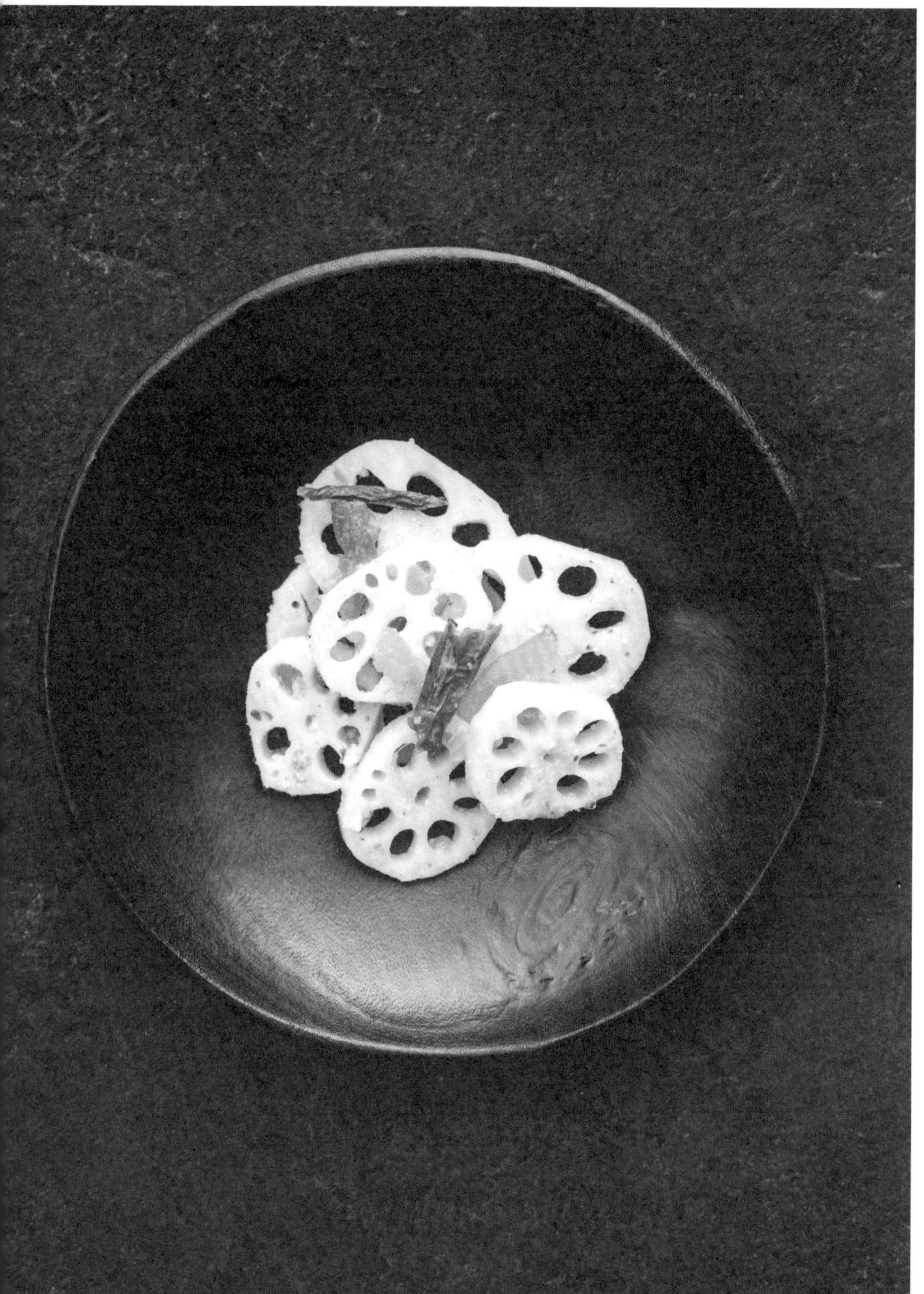

모듬 야채 버섯 겨자 냉채

숙주 150g, 당근 100g, 오이 1/2개, 삶은 죽순 1개, 건목이버섯 4개, 빨강 파프리카 1개, 노랑 파프리카 1개, 청포묵 200g, 들기름 1큰술, 참기름 2큰술, 천일염, 깻가루

양념 재료
겨자 2큰술, 감식초 2큰술, 생강즙 1큰술, 배즙 1큰술, 오미자청 1큰술, 매실청 1큰술, 흑임자 1작은술, 절간장, 천일염

1. 숙주를 제외한 모든 채소를 5cm 길이로 채 썰어 준비한다. 죽순은 칼을 사용해 5cm 간격으로 자른 다음 죽순 결을 따라 손으로 잘게 찢는다.
2. 채 썬 당근과 숙주는 끓는 물에 살짝 데친 후 찬물에 헹궈 물을 짠다. 건목이버섯은 팬에 들기름을 두르고 볶은 다음 천일염으로 간한다. 죽순, 파프리카, 숙주는 천일염으로 간한 뒤 깻가루를 넣어 버무린다. 나머지 채소도 간을 해준다.
3. 볼에 양념 재료를 모두 넣고 잘 섞는다. 준비한 채소를 동그랗고 널찍한 접시에 가지런히 색을 맞춰 담는다. 끝으로 양념장을 위에 뿌려 버무려 먹는다.

가지 소금찜

가지 2개
천일염 약간
참기름 1큰술

1. 빛이 검고 약간 작은 가지를 칼을 사용해 세로로 길쭉하게 3등분한다. 볼에 소금물을 만들어 가지를 5분간 절인다. 절인 가지의 물을 뺀 뒤 찜기에 살짝 찐다.
2. 팬에 참기름을 두르고 구운 뒤 천일염으로 간하여 마무리한다.

애호박 메밀가루전

애호박 2개
메밀가루 100g
절간장 약간
하늘국화 꽃잎
천일염
들기름
물

1. 애호박을 깨끗이 씻어 1cm 두께로 썬다. 천일염을 뿌려 살짝 절인다.
2. 메밀가루에 물과 절간장을 부어 되직하게 반죽한다. 팬에 들기름을 두르고 살짝 절인 애호박에 반죽 옷을 입혀 노릇노릇하게 굽는다. 끝으로 하늘국화 꽃잎을 고명으로 얹는다.

가을

가을은 수확과 풍요의 계절이며, 미래를 준비하는 시간이다. 겨울이 코앞에 다가왔기 때문이다. 가을이면 제철 식재료가 얼마나 다채롭고 아름다운지 새삼 느낄 수 있다. 가을이면 추운 겨울을 대비해 김장을 하고, 각종 장아찌와 메주, 청을 담근다. 잘 익은 호박은 다양한 요리에 활용하기 좋다. 가을에는 뿌리를 채취해 먹는 것이 좋다. 긴 겨울을 견디고 살아남기 위해 식물이 뿌리에 많은 영양분을 저장하기 때문이다.

사찰 주변에는 감나무가 많다. 가을 햇살에 반짝이며 익어가는 감을 보면 계절이 깊어가는 것을 느낄 수 있다. 잘 익은 감을 따서 감식초를 담거나 얇게 썰어 햇볕에 말려 감말랭이를 만든다. 시간의 흐름과 함께 감이 익어간다. 색은 아름답고 그 맛은 달콤하다.

단호박 두부찜

작은 단호박 1개
두부 100g
참기름 2큰술
강낭콩 2개
흑임자 약간
천일염

1. 작고 둥근 단호박은 깨끗이 씻어 준비한다. 칼로 단호박의 꼭지에서 2cm 정도로 여유를 두고 둥글게 잘라(둥근 뚜껑을 잘라내듯) 수저로 속을 파낸다.
2. 두부는 손으로 잘 으깬 다음 참기름, 천일염으로 간한다.
3. 단호박 안에 으깬 두부를 넣어 속을 채우고 강낭콩을 위에 올린다.
4. 찜기에 넣고 단호박이 익을 때까지 찐다. 끝으로 흑임자를 뿌린다.

능이버섯 누룽지 탕국

능이버섯 80g
작은 비트 50g
당근 50g
작은 무 100g
애호박 1/2개
양배추 50g
누룽지 100g
천일염
칡 전분 2큰술
절간장 2큰술
튀김용 콩기름

1. 먼저 채소를 준비한다. 능이버섯은 씻은 다음 3시간 정도 물에 불린다(버섯 불린 물은 버리지 말고 채수로 사용한다). 불린 버섯은 3cm 크기로 자른다. 비트, 당근, 무는 깨끗이 씻어 껍질을 벗긴 후 1.5cm 두께로 썬다. 애호박도 깨끗이 씻어 같은 크기로 썬다. 양배추 잎은 손으로 뜯어 먹기 좋게 썬다. 끓는 물에 모든 채소를 데치고 천일염으로 밑간한다.
2. 다음으로 국물을 준비한다. 냄비에 능이버섯 불린 물과 생수를 섞어 1L 정도 되도록 붓고, 절간장과 천일염으로 밑간하여 끓인다. 그 사이 칡 전분을 물에 개어 놓는다. 달여 놓은 채수에 칡 전분을 넣고 되직하게 농도를 맞춘다.
3. 튀김용 콩기름을 가열하여 190도가 되면 누룽지를 넣고 튀긴다. 그릇에 채소와 튀긴 누룽지를 보기 좋게 담고 칡 전분 넣은 채수 국물을 팔팔 끓여 채소 위에 붓는다.

애호박 된장찌개

애호박 1개
풋고추 3개
양하 3개
된장 4큰술
물 1L

1. 애호박은 과일칼로 뜯듯이 도려낸다. 풋고추, 양하는 굵게 다진다.
2. 뚝배기에 물을 붓고 강불에 올려 끓어오르면 애호박, 풋고추, 양하를 넣고 끓인다. 애호박이 익으면 된장을 풀고 한소끔 끓여 마무리한다.

※ 양하는 생강과의 여러해살이풀이다. 추석 무렵, 천진암 계곡 옆 물기 있는 곳에서 자라는 모습을 볼 수 있다. 잎은 생강잎을 닮았고, 뿌리 부분에 둥근 알이 차면서 난꽃처럼 피어나는 야생 식재료다. 장아찌, 송이버섯과 더불어 양하 장떡 또한 사찰음식의 별미다.

두부장

두부 450g
절간장 2큰술
(5~7년 묵은 것)
천일염 20g
된장 100g
(5년 묵은 것)

1 두부를 흐르는 물에 씻고 천에 싸서 물기를 제거한 다음 손으로 곱게 으깬다. 으깬 두부에 절간장과 천일염을 넣고 간이 배도록 잘 섞는다. 소금 간은 치즈만큼 짭짤한 정도로 하면 된다.

2 두부장을 발효시킬 용기를 깨끗이 씻고 소독하여 준비한다. 간이 잘 밴 두부를 용기에 담는다. 두부 사이사이 공기층이 생기지 않게 꾹꾹 눌러 담는다. 잘 눌러 담은 두부장 위에 된장을 올려 막을 형성해준다. 15일 동안 실온에 둔 후 냉장 보관한다.

※ 두부장은 밥이나 나물과 함께 먹으면 좋다. 헐어서 먹은 후 다시 된장으로 덮어준다. 냉장 보관하면 3년까지 먹을 수 있다. 두부장은 식물성 치즈다.

가을 박나물 볶음 (연한 박 무침)

작은 박 1개
검은 통깨 조금
실고추 조금
콩기름 또는 올리브유 1~2큰술
물 약간
천일염

1. 박을 반으로 갈라 껍질의 푸른 부분이 살짝 남도록 얇게 깎는다. 수저로 박의 속을 파내고 3mm 두께로 얇게 썬다. 연한 박을 쓴다면 속을 파지 않고 그대로 해도 된다.
2. 팬에 콩기름을 두르고 중간 불에서 박을 볶는다. 박에 기름이 스며들면 물을 약간 붓고 뚜껑을 닫는다. 김이 오르면 뚜껑을 연다. 박이 윤기 나면서 투명해지면 완성이다. 천일염으로 간을 맞추고, 실고추와 검은 통깨를 고명으로 올린다.

마 흑임자구이

장마 300g
흑임자가루 2큰술
오미자청 1큰술
천일염 조금

1. 마는 껍질을 벗겨 흐르는 물에 씻은 뒤 4mm 두께로 어슷하게 썬다.
2. 팔팔 끓는 물에 썬 마를 넣고 3분간 끓인다. 마가 말갛게 투명해지면 건져내어 찬물에 헹구고 물기를 뺀다.
3. 마에 오미자청을 손으로 발라주고 고운 천일염으로 간한다. 마 끝에 곱게 빻은 흑임자가루를 묻히고 접시에 연꽃처럼 돌려 담는다.

감말랭이 채소 겉절이

감말랭이 300g

양념 재료

조청 2큰술
절간장 1큰술
천일염 1/2큰술
복분자청 2큰술
오미자청 2큰술
고운 고춧가루 1큰술
고추장 1큰술

1. 감말랭이는 손으로 모양을 잡아 먹기 좋은 크기로 2~3등분한다.
2. 다음으로 볼에 양념 재료를 모두 넣고 잘 섞어 준비한다. 양념에 감말랭이를 넣어 손으로 살살 버무린다.

마 말린감 채소 겉절이

각종 잎채소
마 50g
말린 감 50g

양념 재료

감식초 1큰술
오미자청 1큰술
매실청 1큰술
5년 묵은 절간장 1큰술

1. 잎채소를 씻어 체에 물기가 빠지도록 둔다. 마는 껍질을 벗기고 얇게 썬 후 찬물에 씻는다. 감은 얇게 썬다.
2. 볼에 양념 재료를 모두 넣고 잘 섞어 준비한다.
3. 오목한 접시에 채소와 마, 말린 감을 골고루 켜켜이 담고 양념을 그 위에 살살 뿌려서 비벼 먹는다.

새송이버섯 조청 조림

새송이버섯 7개
건홍고추 1개
절간장 2큰술
들기름 2큰술
조청 2큰술
천일염

1. 새송이버섯은 손질하여 크기에 따라 반으로 나누거나 3등분한다. 찜기에 넣고 천일염을 살살 뿌려 살짝 찐다.
2. 냄비에 버섯이 잠길 만큼 물을 붓고 끓인다. 물이 끓으면 찐 버섯과 함께 절간장, 들기름을 넣고 중불에 올려 조린다. 반쯤 졸아들면 약불로 줄이고 수저로 국물을 버섯에 계속 끼얹어준다. 거의 다 졸여지면 조청을 넣는다.
3. 그릇에 버섯을 담고 손으로 작게 뜯은 홍고추를 얹어 마무리한다.

가지 양념찜

가지 3개
청고추 1개
홍고추 1개
들기름 1큰술
천일염

양념장 재료

절간장 2큰술
오미자청 1큰술
복분자청 1큰술
조청 1/2큰술
참깻가루 2작은술

1. 가지는 깨끗이 씻어 반을 갈라 10cm 길이로 네모지게 썬다. 가지에 천일염을 뿌려 5분 정도 밑간한다.
2. 달군 팬에 들기름을 두르고 가지를 노릇하게 굽는다.
3. 볼에 양념 재료를 모두 넣고 잘 섞은 뒤 구운 가지 위에 올려 뜸을 들인다. 고추를 다져 완성된 가지 위에 얹어 마무리한다.

우엉 고추장 양념구이

우엉 5개
들기름 3큰술
검은깨(고명)

양념장 재료
절간장 2큰술
고운 고춧가루 1큰술
고추장 2큰술
조청 2큰술
깻가루 1큰술
참기름 1큰술
물 약간

1. 우엉을 깨끗이 씻어 칼등으로 껍질을 벗긴 뒤 찜솥에 넣어 중간 정도 무르게 찐다. 한 김 식힌 우엉을 갈라 도마 위에 올리고 방망이로 살살 두드려 부드럽게 편다.
2. 팬에 들기름을 두르고 우엉을 노릇노릇 지진다.
3. 그 사이 양념장을 만든다. 다른 팬에 절간장과 물, 고운 고춧가루, 고추장, 조청을 넣고 약불에 끓인다. 바글바글 끓으면 불을 끄고 참기름과 깻가루를 넣는다.
4. 지진 우엉은 5cm 길이로 썰고 위에 양념을 골고루 바른 다음 검은깨를 고명으로 올려 마무리한다.

※ 우엉 고추장 양념구이는 양진암 노스님께서 알려주셨다. 영양이 풍부한 뿌리채소로 에너지를 보충할 수 있어 동안거에 먹는 특별한 음식이다.

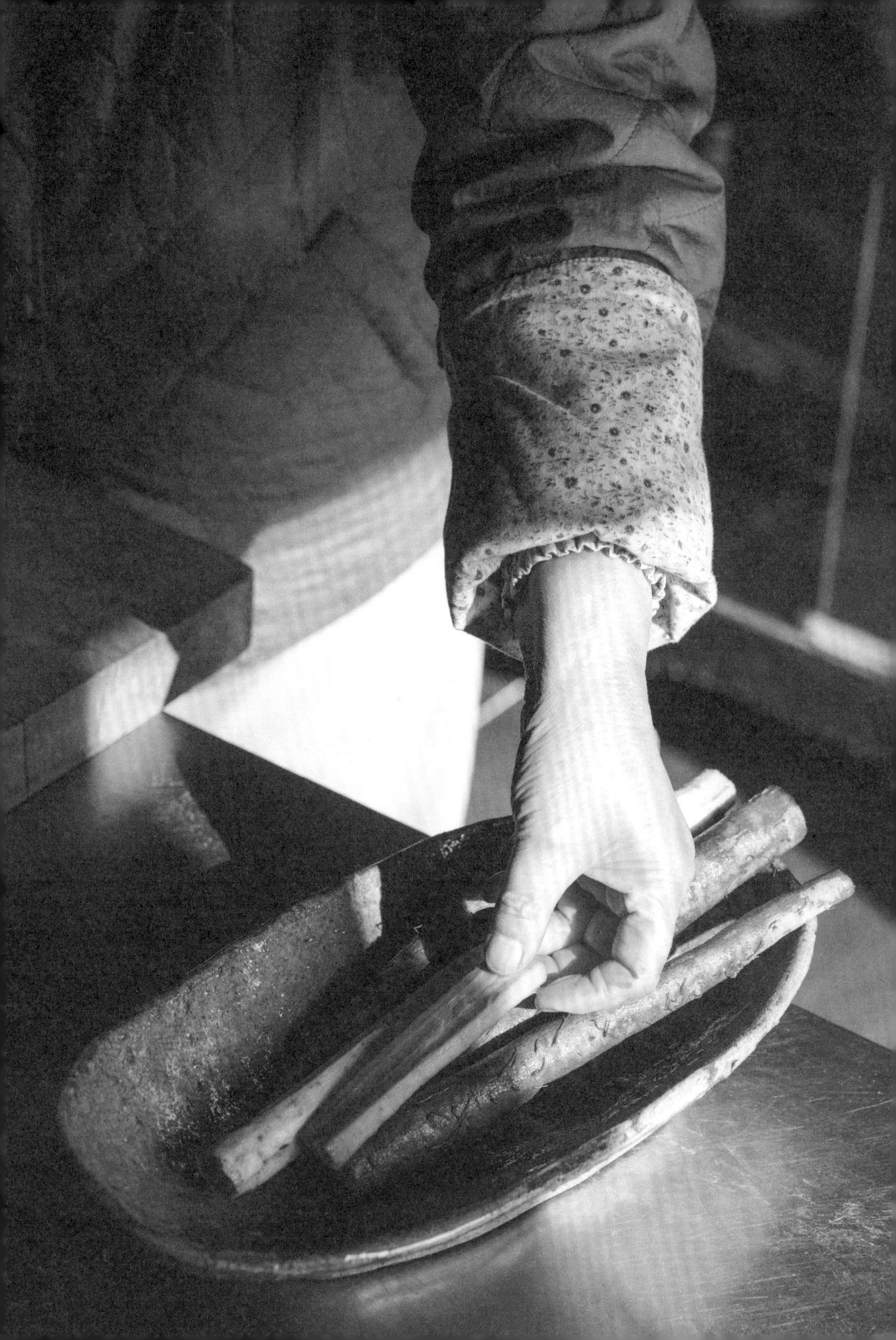

겨울

겨울은 기다림과 인내의 시간이다. 춥고 매서운 바람은 호락호락하지 않다. 자연은 움츠리고 기다린다. 하지만 씨앗은 이미 따듯한 대지 품에서 새싹 틔울 준비를 하고 있다. 새로운 생명력은 어둠 속에서 힘을 모은다.

겨울이면 시금치, 배추, 냉이 같은 대표적인 겨울 채소를 즐겨 사용한다. 그 외에도 여름 내내 말려 준비한 나물, 미역, 버섯, 콩, 과일도 자주 식단에 올린다. 모든 것이 풍족한 봄과 여름에 미리 겨울 채비를 해두었기 때문이다. 특히 호박은 오랫동안 보관해 먹을 수 있다. 겨울에는 연말연시 행사를 비롯한 다양한 명절이 있어 절에서도 특별한 식사를 마련한다. 다 함께 식사하며 어둠과 추위를 물리친다.

버섯 조밥

멥쌀 500g
조 100g
양송이버섯 4개
표고버섯 4개
새송이버섯 2개
느타리버섯 200g
건목이버섯 100g
천일염 약간
절간장 1큰술
참기름 1큰술

1. 멥쌀과 조는 물에 씻어 20분간 불린다.
2. 양송이버섯과 표고버섯은 밑동을 제거한 후 3mm 두께로 편 썬다. 새송이버섯은 가로로 반을 자른 후 비슷한 두께로 얇게 편 썬다. 느타리버섯은 먹기 좋은 크기로 손으로 찢는다. 건목이버섯은 따뜻한 물에 20분간 불린 후 먹기 좋은 크기로 찢는다.
3. 손질한 버섯들은 절간장과 천일염으로 밑간한다.
4. 밥솥에 멥쌀과 조를 넣고 물을 쌀과 1대 1 비율로 부은 뒤 밑간한 버섯을 올린다. 그 위에 참기름을 붓는다. 센불에 솥을 올려 물이 끓으면 중불로 낮춘다. 물이 자작해지면 약불에 뜸을 들여 마무리한다.

표고버섯 미역국

물미역 700g
중간 크기 감자 2개
표고버섯 2개
물 3L
절간장 2큰술
참기름 2큰술
천일염 약간

1. 물미역은 끓는 물에 데쳐 가지런히 손질한 뒤 3cm 정도로 썰어 준비한다.
2. 감자는 껍질을 벗겨 먹기 좋은 크기로 썬다. 표고버섯도 밑동을 제거하고 씻은 후 먹기 좋은 크기로 손으로 찢어 준비한다.
3. 냄비에 물미역과 감자, 표고버섯을 넣고 물 500ml를 부은 후 절간장을 넣고 뚜껑을 덮어 끓인다. (재료들을 바로 물에 넣어 끓이지 않고, 참기름에 볶은 다음 끓이기도 한다.) 물이 끓어오르면 나머지 물을 두 번에 나눠서 부어주며 끓인다. 처음에는 뚜껑을 덮고 끓이다가 두 번째 물을 부을 때부터 뚜껑을 열고 끓인다. 바다 향이 솟아오르면 절간장, 천일염으로 간을 맞추고 참기름을 넣어 마무리한다.

정월 떡국

떡국 떡 400g
시금치 30g
두부 200g
구운 김 1장
표고버섯 2개
절간장 3큰술
참기름 1큰술
천일염 약간
물 2L

1. 먼저 떡국 떡을 물에 담가 불린다. 시금치는 씻어서 손으로 뜯어놓는다. 두부는 찬물에 씻어 물기를 살짝 털어내고 팬에 기름 없이 노릇노릇 지진다. 달궈진 팬에 이어서 김을 굽는다. 구운 두부는 한 김 식힌 후 비스듬히 편 썬다.
2. 냄비에 물 2L를 붓고 센불에 끓인다. 그사이 표고버섯을 얇게 썬다. 물이 끓으면 표고버섯과 떡국 떡을 넣는다. 물 위로 떡이 동동 뜨면 다 익은 것이다. 이때 두부와 시금치를 넣고 다시 한소끔 끓인다. 마지막으로 간장, 천일염으로 간한다.
3. 그릇에 떡국과 두부, 버섯, 시금치를 먹기 좋게 담고 손으로 잘게 부순 김을 얹는다. 끝으로 참기름을 부어 마무리한다.

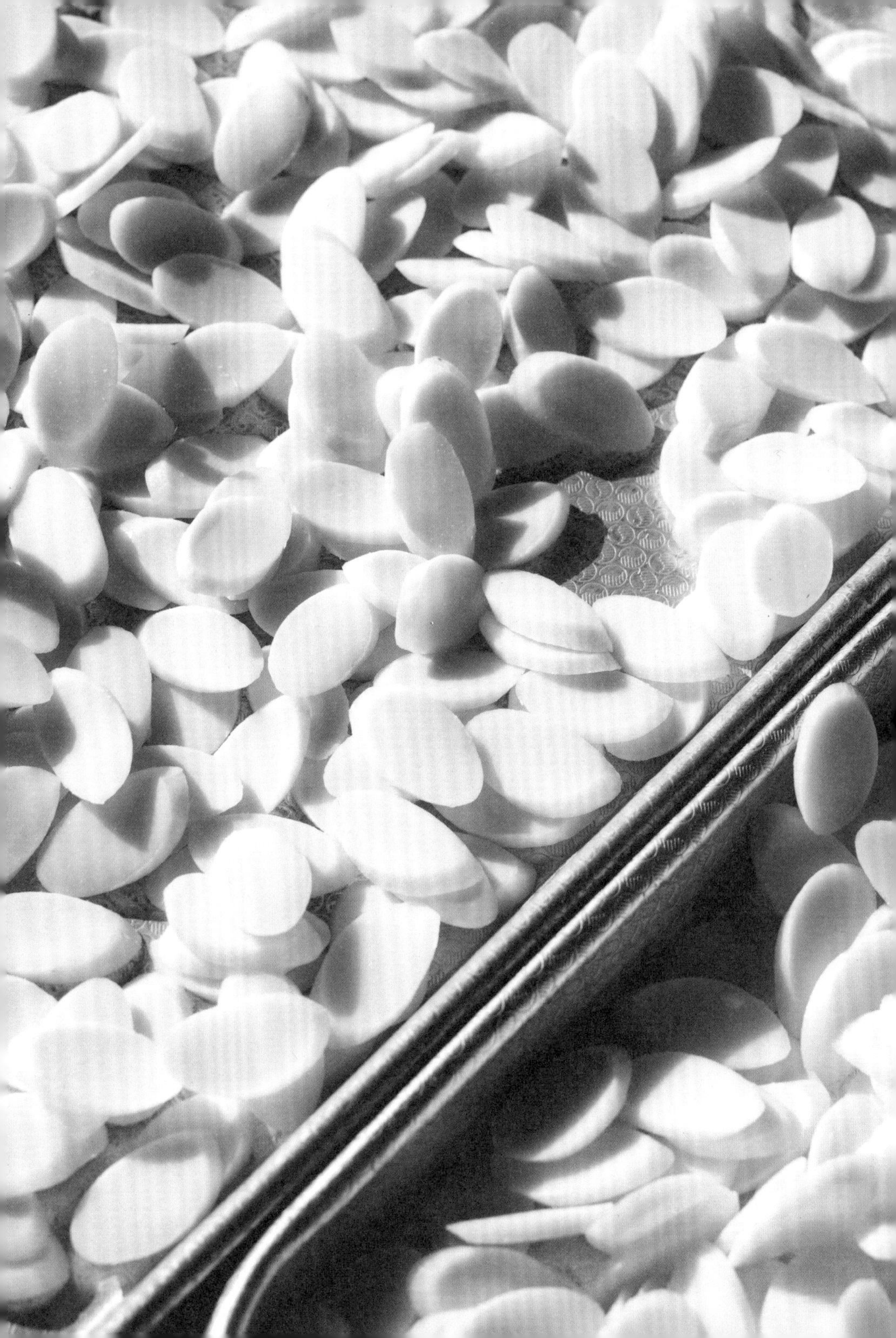

늙은 호박 기장죽

늙은 호박 300g
노란 기장쌀 100g
천일염
물 1L

1. 가을 늙은 호박의 껍질을 벗기고 속을 파낸다. 그리고 너무 얇지 않은 크기로 편 썬다.
2. 냄비에 호박을 넣고 잠길 만큼 넉넉히 물을 부은 뒤 기장쌀을 넣는다. 중불에 올려 주걱으로 저어 가며 끓인다.
3. 호박과 기장쌀이 부드럽게 익어서 서로 어우러지면 천일염으로 간한다.

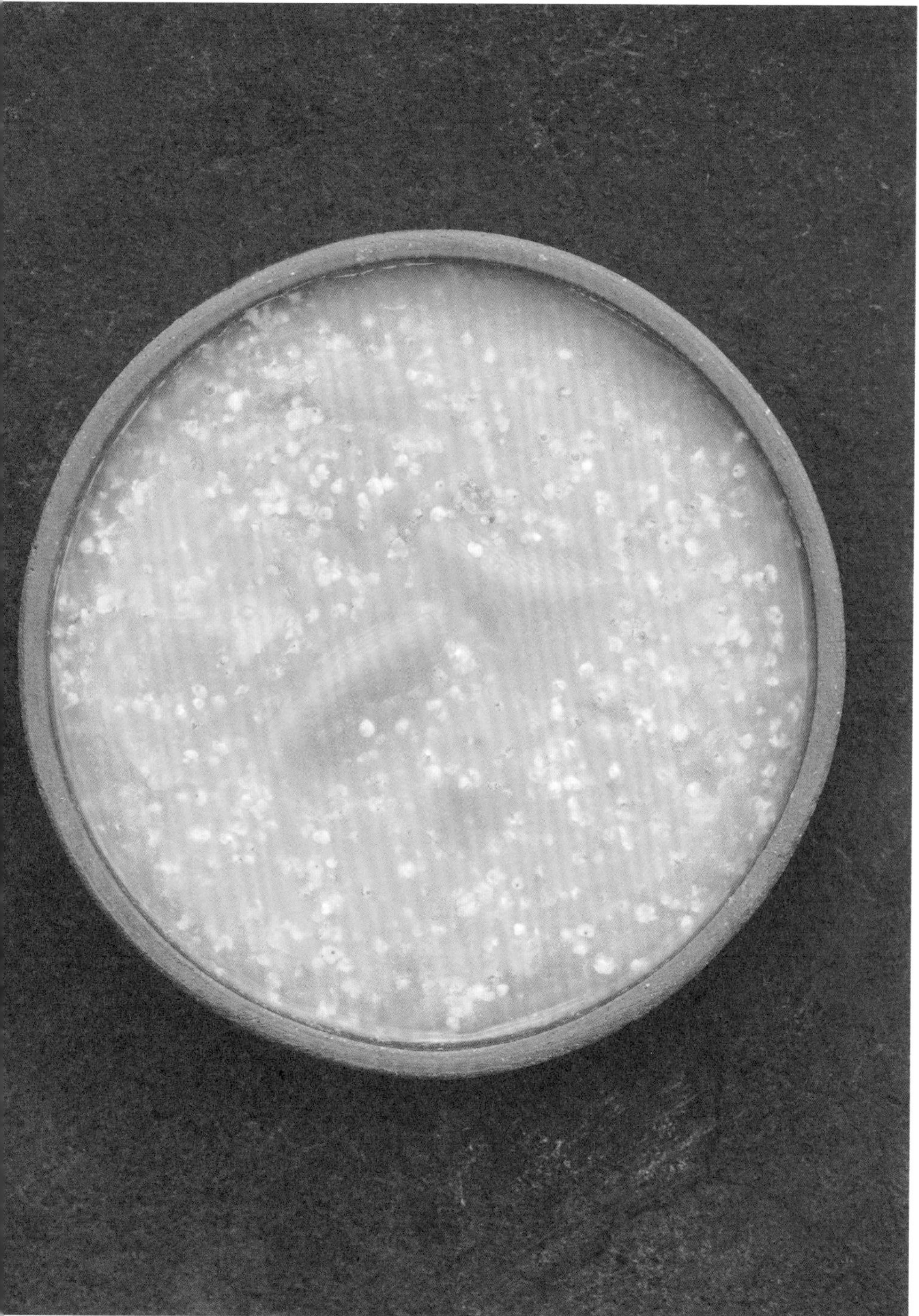

무말랭이 된장 무침

무말랭이 400g, 천일염 30g,
매실청 20ml, 생강 30g,
희아리고추 3개

양념 재료
찹쌀풀 150g(383쪽 참고),
절간장 90ml, 된장 150g,
조청 100g, 복분자청 90ml,
매실청 70ml, 참깻가루 3큰술

1. 무말랭이는 물에 살짝 씻어 천일염과 매실청 20ml로 밑간한다.
2. 생강은 편으로 썰고, 희아리고추는 꼭지를 떼고 굵게 다져서 준비한다.
3. 볼에 양념 재료를 골고루 섞는다.
4. 준비된 양념에 무말랭이, 생강, 희아리고추를 넣어 섞고 재료에 간이 배도록 골고루 버무린다.
5. 단지에 꼭꼭 눌러 담아 실온에서 7일간 숙성 후 냉장 보관한다.

시금치 무침

시금치 200g
천일염 1큰술
절간장 1큰술
참기름 1큰술
참깻가루 2작은술

1. 시금치는 시든 잎과 지저분한 뿌리를 제거하고 깨끗이 씻는다.
2. 냄비에 천일염을 넣고 물을 끓인다. 물이 끓어오르면 시금치를 넣고 한두 번 정도 뒤적여 재빨리 데친 뒤 찬물에 헹군다.
3. 시금치를 쥐고 손바닥 사이에 흐르는 물 정도만 가볍게 짜낸다. 시금치를 볼에 넣고 손으로 살살 펴준다. 절간장, 참기름, 참깻가루를 넣고 손으로 조물조물 무친다.

능이버섯 만두

만두피 20장

만두소 재료

불린 능이버섯 50g, 들깨순 20g, 애호박 50g, 청홍고추 각 1개씩, 단단한 두부 2모, 들기름 1큰술, 절간장 2큰술, 참기름 2큰술, 참깻가루 2큰술, 제피가루 약간, 천일염 약간

1. 불린 능이버섯은 꾹 짜서 곱게 다진다. 팬에 들기름을 두르고 물이 자작하게 나올 정도로 버섯을 볶은 뒤 천일염으로 밑간한다.
2. 들깨순, 애호박, 청고추와 홍고추를 곱게 다진다. 두부는 찬물에 씻은 뒤 물기를 제거하고 손으로 두부의 알갱이가 느껴지지 않도록 곱게 으깬다.
3. 볼에 볶은 능이버섯과 으깬 두부, 곱게 다진 채소를 넣고 절간장, 참기름, 참깻가루, 제피가루, 천일염을 넣어 간이 잘 배도록 골고루 섞어 만두소를 준비한다. 작은 볼에 물을 준비해 만두피 가장자리에 물을 묻히고 만두소를 가운데 얹어 얌전하게 만두를 빚는다.
4. 찜기에 물을 붓고 채반에 만두를 서로 붙지 않게 넣은 뒤 찐다.

구운 두부 냉이 간장조림

모두부 500g, 표고버섯 3개,
다진 냉이 10g, 들기름 3큰술

양념장 재료
절간장 1큰술, 복분자청 1큰술, 조청 1큰술, 참깻가루 1큰술, 들기름 1큰술
말린 밀감 껍질 10g, 천일염 약간

1. 찬물에 씻은 모두부의 물기를 빼고 두께 1cm, 길이 3~4cm 크기로 썰어 천일염으로 밑간한다. 표고버섯은 곱게 채 썬다.
2. 들기름을 두른 팬에 두부를 노릇노릇 지지고 잠시 그대로 둔다. 다른 팬에 들기름을 두르고 채 썬 표고버섯을 넣고 물을 넣어 볶는다.
3. 이제 양념장을 만든다. 냄비에 물 반 컵, 절간장, 복분자청, 조청, 참깻가루, 들기름, 말린 밀감 껍질을 넣고 바글바글 끓여 한 김 식힌다.
4. 팬에 지진 두부 위에 다진 냉이와 볶은 표고를 올리고 끓인 양념을 부은 뒤 뚜껑을 닫아 한 김 올려준다.

배추전과 무전

작은 무 1개, 작은 배추 한 포기, 천일염 약간, 식용유 2큰술, 들기름 2큰술

반죽 재료

밀가루 150g, 메밀가루 50g, 들기름 1큰술, 절간장 약간, 물 약간

양념장 재료

절간장 약간, 다진 고추

1. 무와 배추를 깨끗이 씻고 무는 1cm 두께로 동그랗게 썬다. 배춧잎의 단단한 흰 줄기 부분은 칼등으로 살살 두드려 펴준다.
2. 냄비에 무를 넣고 물을 자작하게 부은 뒤 천일염을 약간 넣어 삶는다. 무에 젓가락이 쏙 들어갈 때까지 삶으면 된다. 배춧잎은 찜기에 넣고 한 김 올린다.
3. 볼에 밀가루, 메밀가루, 들기름, 절간장을 넣고 물을 조금씩 부어가며 반죽을 만든다.
4. 팬에 식용유 2큰술, 들기름 2큰술을 두르고 뜨거워지면 무와 배추에 반죽을 입혀 노릇노릇하게 지진다. 반죽을 너무 두껍게 묻히면 채소의 본래 맛을 느낄 수 없다. 색다른 맛을 내고 싶다면 반죽에 카레 가루를 약간 섞어도 좋다. 절간장에 다진 고추를 넣어 양념장을 만들고 완성된 전과 곁들인다.

수삼 튀김

5년 된 수삼 뿌리 4개
절간장 1큰술
들기름 2큰술
천일염 약간
식용유

반죽 재료
멥쌀가루 50g
튀김가루 100g
물 200ml

1. 수삼은 깨끗이 씻어 꼭지를 떼어낸다. 잔뿌리를 제거하고 손질한 후 반으로 갈라 찜기에 넣고 5분간 찐다. 찐 수삼은 절간장, 들기름, 천일염으로 밑간한다.
2. 볼에 멥쌀가루와 튀김가루, 물을 넣고 잘 저어 되직한 반죽을 만든다. 밑간한 수삼에 튀김반죽을 묻혀 기름에 노릇노릇 튀긴다. 기름 온도는 180도가 적당하다.

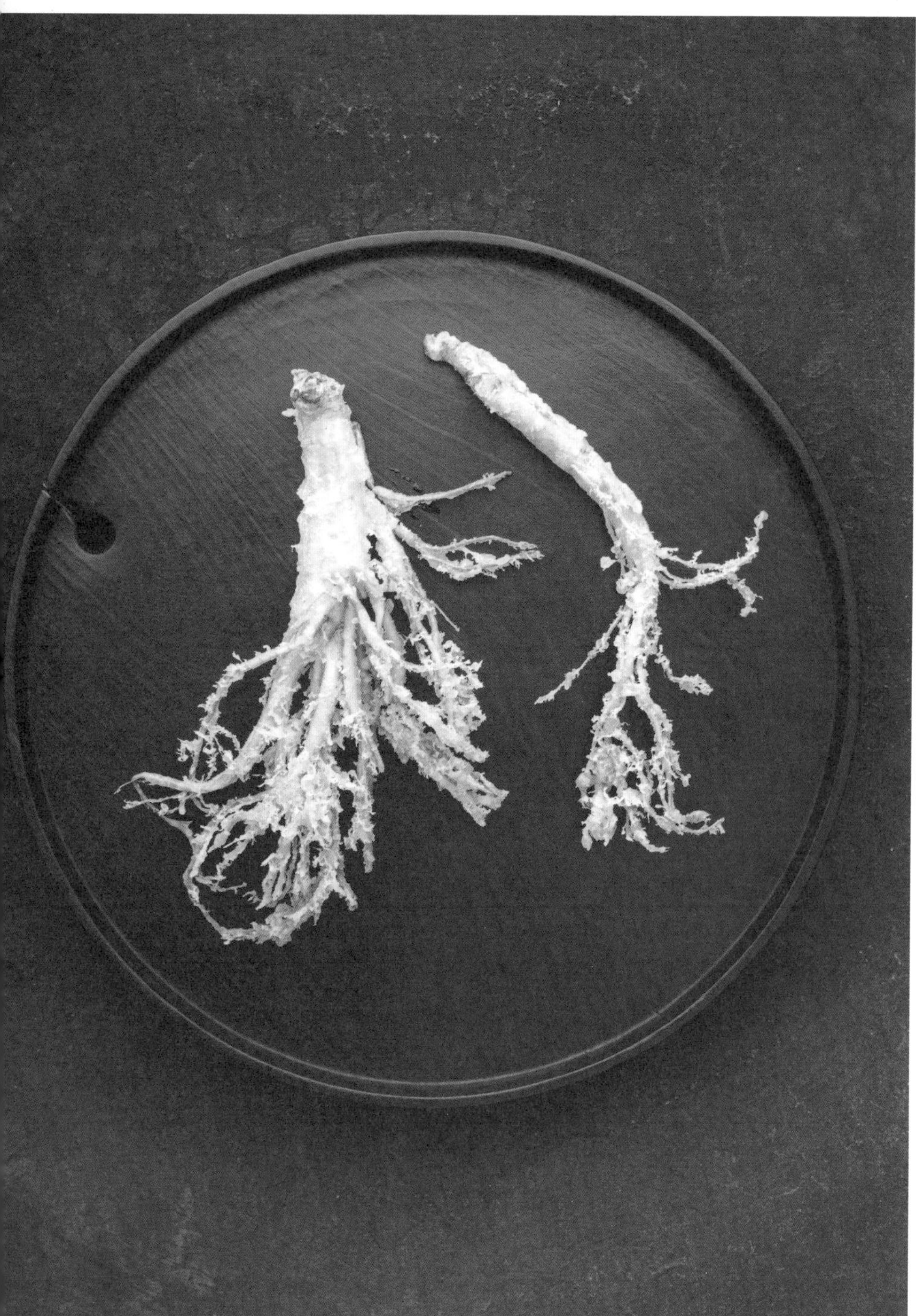

덧붙이는 글

후남 셀만

Sunkist
완숙
토마토

우삼겹
새알팥죽
팥칼국수
바지락칼국수
여름메뉴

식재료 이야기

"이 채소가 어디서 나고, 어떻게 내게 왔는지 그 여정을 알아야 제대로 음식을 만들 수 있습니다." 정관스님은 음식의 시작이 식재료를 잘 알고 친근감을 가지는 것이라고 했다. 이 장에서는 스님의 요리에 활용된 제철 식재료의 특징을 간단히 소개한다. 어떻게 조리해 먹는 게 좋은지, 잘 어울리는 양념은 무엇인지, 언제, 누가 먹으면 좋은지 정리해보았다.

가죽나물 가죽나물은 참죽나무의 어린 새순을 말한다. 가죽나물은 매우 독특한 풍미를 지녀 별미로 꼽히며, 4월부터 6월까지 채취한다. 가죽나물에는 단백질이 많이 들었고 약용으로도 사용한다. 장아찌, 부각(260쪽), 전으로 만들어 먹는다. 참죽은 간장과 잘 어울린다.

감 다양한 모양과 맛의 여러 품종이 있다. 덜 익은 감은 떫은맛이 나는 경우가 많은데, 이때 소금물에 담그면 이 맛이 사라진다. 곶감이나 감말랭이로 만들어 먹어도 좋다. 감식초를 만들어두면 여기저기 유용하게 쓸 수 있다.

감자 남미가 원산지인 감자는 19세기 초 중국을 거쳐 우리나라에 들어왔다. 옥수수와 고구마는 그보다 조금 더 일찍 도착했다. 감자는 찌거나 삶아서 먹고, 튀기거나 졸여 먹어도 좋다. 감자를 곱게 갈아서 전을 만들거나 다른 채소와 함께 찌개에 넣어 활용해보자. 감자 녹말에 콩을 넣어 만든 감자 찐빵도 맛있다.

강황 생강과 유사한 식물인 강황은 아열대 지방이 원산지다. 국내에서는 남부 지방에서 재배된다. 뿌리의 색이 강렬할 뿐만 아니라 특유의 향이 있어서 조미료와 색소로 사용한다. 강황은 약간 쓴맛이 나기에 사용량을 주의해야 한다. 항염 효과가 있고 간을 부드럽게 만드는 효능이 있어서 약용식물로도 쓰였다.

겨잣잎(갓) 갓의 씨앗으로 겨자 소스를 만든다. 겨잣잎으로는 김치를 만들기도 하고, 샐러드나 채소로 먹기도 한다. 약간 맵고 알싸한 풍미가 있다.

고사리 국내에는 무수히 많은 종류의 고사리가 있는데, 우리가 자주 먹는 것은 특정 품종이다. 고사리는 독성이 있기에 날로 먹으면 안 되며 반드시 익혀 먹어야 한다. 대부분 말린 고사리를 사용한다. 고사리는 명절 요리이자 비빔밥의 필수 재료다 (226쪽 참조). 주로 나물을 하지만 찌개에 넣어 먹을 수도 있다. 비타민C와 B, 칼슘과 철분이 함유되어 있다.

고추장 정관스님의 고추장 레시피를 적어둔다. 가정에서도 쉽게 담을 수 있다. 찹쌀가루 300g에 물을 부어

되직하게 죽을 쑨다. 한소끔 식으면 곱게 빻은 엿기름 가루 100g을 넣고 잘 섞은 후 뚜껑을 덮고 따뜻한 곳에서 2시간 동안 발효한다. 고운 고춧가루 300g, 조청 1컵, 천일염 30g을 차례로 넣고 잘 섞어준다. 이틀 동안 뚜껑을 덮어 보관했다가 천일염으로 간을 한 뒤 옹기에 담아 3개월간 발효, 숙성시킨다.

기장(차조)

기장은 오래전부터 재배된 곡물이다. 흔히 노란색 기장을 많이 쓰지만, 전분 함량이 더 높은 녹색 기장도 맛이 좋다. 쌀과 함께 넣어 밥을 짓기도 하고 떡, 조청 등의 재료로도 쓴다.

당근

당근은 활용도가 무척 높다. 얇게 썰어 살짝 볶아 비빔밥에 넣거나, 잘게 썰어 볶음밥 재료로 사용한다. 죽, 카레, 각종 반찬을 만들 때도 빼놓을 수 없는 재료다.

대추

대추는 잘 익었을 때 붉은색을 띠는데, 생으로 먹어도 좋지만 보통 말려서 먹는다. 고대부터 불면증과 류머티즘 치료제로 사용했으며, 비타민이 풍부하고 몸을 따듯하게 해주어 감기에도 도움이 된다. 우리나라에서는 겨울철 감기를 예방하기 위해 대추차를 마시기도 한다. 대추는 다양한 요리에 달콤한 맛을 내는 데 활용할 수 있다. 삼계탕에도 들어가고 갈비찜에도 넣는다. 떡의 소와 고명에 사용하거나 밤, 율무, 잣과 함께 밥에 넣어 먹으면 맛있다. 메주를 담글 때도 빼놓을 수 없는 재료다.

들깨

들깨와 참깨는 같은 '깨'라고 흔히들 착각하지만, 사

실 둘은 완전히 다른 식물이다. 모양도 색도 다르다. 보통 깻잎이라 부르는 들깻잎은 생으로는 샐러드나 쌈으로 먹고, 나물로 볶거나 튀김, 장아찌로 만들어 먹기도 한다. 들깨로 짠 들기름에는 특별한 향이 있어 여러 음식에 다양하게 활용한다. 들깨는 쉽게 잘 타기 때문에 볶을 때 세심한 주의를 기울여야 한다.

메밀 메밀은 경작이 까다롭지 않고 산간 지역 어디서나 잘 자란다. 소설 『메밀꽃 필 무렵』에서처럼 가을이 되면 메밀꽃이 하얗게 피어나고 들판은 아름다운 꽃밭으로 변한다. 메밀국수는 몸의 열을 내려주기에 여름철 별미로 먹으면 좋다. 메밀국수는 차가운 국물과 따뜻한 국물에 모두 잘 어울린다. 채소전을 만들 때 밀가루에 메밀가루를 섞어 만들어도 맛있다. 메밀을 볶아 차로 만들어 마시면 매우 부드러운 풍미를 낸다.

무 무는 배추보다도 오래된 채소다. 겨울에는 무말랭이를 만들어 먹기도 한다. 무청 시래기는 된장과 잘 어울린다. 식초, 설탕, 물을 섞어 치자와 함께 무치면 인기 좋은 단무지가 된다. 무의 어린싹인 무순도 고명으로 자주 사용한다. 열무는 통째로 김치를 담그는데, 국수 요리나 찐 고구마, 떡과 함께 먹으면 맛있다. '떡 줄 사람은 생각도 안 하는데 김칫국부터 마신다'라는 속담 속의 김치는 열무김치를 말한다.

미나리 미나리는 물가 가까운 그늘진 곳에서 자라는 식물로 지치지 않는 생명력을 지니고 있다. 줄기는 속이 비어 있다. 미나리 꽃은 여름에 핀다. 미나리는 매우 독특한 풍미를 지

표고(제주산)
10.000
10kg

니고 있기에 다양한 방법으로 사용할 수 있다. 데쳐서 양념해 먹어도 좋고 초고추장과도 잘 어울린다. 부침개를 해도 맛있다.

미역

미역은 해저의 유속이 빠르고 햇빛이 많이 드는 얕은 곳에서 자란다. 식물로 분류되지 않고 원생생물이라는 독자적인 범주로 분류한다. 우리나라에서 가장 좋은 품종의 미역은 남해안에 자생한다. 통영과 거제에서는 트릿대라는 긴 장대를 이용해 바위에 붙은 돌미역을 감아 당겨 채취하는 전통 어업방식을 600년 이상 이어오고 있다. 미역은 1123년 기록에도 이미 언급되어 있을 정도로 우리나라에서는 오랫동안 섭취해왔다. 미역에는 철분, 칼슘, 요오드뿐 아니라 다수의 미네랄을 함유하고 있다.

버섯

버섯에는 1100여 종이 있으며, 그중 약 30종이 식용이다. 우리나라에서는 특히 다양한 버섯을 먹는다. 송이버섯은 소나무 향이 나는 별미다. 송이버섯은 재배할 수 없고 야생 채취만 가능한데, 이런 이유로 귀하게 취급된다. 양송이버섯은 서양에서 들어와 '양'송이버섯이라 부르게 되었다. 단연코 버섯의 왕이라 할 수 있는 표고버섯은 단백질과 기타 영양소가 풍부하고 맛도 좋다. 표고는 겨울에 기운을 모아 봄에 돋아난다. 주로 죽은 참나무와 졸참나무에서 홀로 또는 무리 지어 자라며, 봄부터 가을에 수확한다. 정관스님의 표고버섯 조림은 유명하다. 버섯은 종류에 따라 튀김, 조림, 찌개, 구이, 국 등 다양한 방법으로 조리할 수 있다.

배

배의 원산지는 동남아로, 우리가 먹는 것은 개발한 품종이다. 한국 배는 서양에 있는 품종보다 과즙이 풍부하고 달콤하다. 우리나라에도 옛날에는 다른 품종들이 있었으나 지금은 거의 다 사라졌다. 배는 요리에도 종종 사용한다. 김치를 담글 때도 매우 중요한 재료다.

배추

배추는 19세기 말 중국을 통해 한국에 들어왔다. 원래 모양은 지금보다 작고 잎도 더 얇았다. 오늘날 우리가 자주 보는 배추는 통이 크고 굵으며 잎이 두툼한 품종이다. 잎은 부드럽고 달콤하며 약간 고소한 맛이 나기도 한다. 특히 안쪽의 노란 빛이 도는 잎은 아삭하고 단맛이 강하다. 김치가 증명하듯 배추는 고추와 잘 어울린다. 된장국을 끓이거나 부침개를 만들어 먹기도 한다. 배추 겉의 짙은 녹색 잎을 말린 것이 바로 우거지다. 우거지로는 찌개와 국을 끓여 먹는다.

생강

생강은 몸을 따뜻하게 해주고 손발이 찬 사람에게 도움이 되며, 감기에도 효과가 좋다. 그래서 요리뿐만 아니라 약재료로도 사용된다. 생강 뿌리는 1000년 이상 사용되어 왔다. 생강과 생강즙은 김치의 중요한 양념이다. 생강으로는 차도 만든다. 겨울에는 생강을 얇게 썰어 설탕에 절인 간식인 편강이 인기가 좋다. 정관스님이 알려주신 편강 만드는 법을 적어둔다. 약 400g의 생강을 준비해 껍질을 벗기고 2~3mm 두께로 어슷썬다. 썬 생강은 2시간 동안 물에 담가두고 수시로 물을 갈아준다. 이후 물기를 빼고 냄비에 깨끗한 물을 담아 생강을 넣고 15분간 끓인 후 다시 물기를 뺀다. 팬에 설탕 230그램과 준비한 생강을 넣고 잘 저어가며 익힌다. 거품이 생기면 불을 줄이고 생강이 타지 않도록 계속 젓는다. 설탕이 끓어 결정화되면 불을 끄고 계속 젓는다. 생강에서 설탕을 털어내고 철판

해표

에 펴서 약 1시간 동안 말린다. 남은 설탕은 다른 용도로 사용해도 된다. 생강은 뚜껑이 있는 유리병에 보관한다.

소금 우리나라에서는 주로 바닷물을 모아 염전에서 추출한 천일염을 쓴다. 유럽에서는 산에서 추출하는 암염이 많다. 최근에는 깨끗한 해양 심층수를 펌프로 끌어 올려 뜨거운 공기로 물을 증발시키는 특수 공정을 통해 미네랄이 풍부한 소금을 추출하는 새로운 방법도 등장했다. 정관스님은 천일염을 수년 동안 건조한 뒤 사용한다. 그러면 소금에 남아 있는 수분이 완전히 증발해 더 바삭하고 깔끔한 맛을 낸다.

연근 연꽃은 여름에 꽃을 피운다. 연꽃은 버릴 것 없이 뿌리, 씨앗, 잎, 꽃 등 거의 모든 부분을 식재료로 활용할 수 있다. 뿌리는 10월 말에서 11월 초에 수확하여 요리한다. 연근은 균일한 구멍 크기로 품질을 가름한다. 약간 쓴맛이 나기에 껍질을 벗긴 후 뿌리를 소금이나 식초 물에 담가 사용한다. 신선한 연근은 매우 아삭아삭하고 그 자체로 달콤하지만 생으로 먹지는 않고 조림, 튀김, 찜 등으로 익혀 먹는다. 전분 함량이 높아 죽을 쑤는 데도 사용하며, 잎은 연잎밥을 만드는 데 쓴다. 연근은 한의학 약재로 기침과 메스꺼움에 효과적이며 상처를 더 빨리 낫게 돕고 혈액 순환을 촉진한다고 한다. 연근은 사찰요리에도 자주 사용된다. 연꽃으로 은은한 향이 나는 차를 만들어 마시기도 한다.

오이 오이는 몸을 차게 하는 대표적인 여름 채소다. 오이김치를 만들어도 맛있고, 김밥에 넣어 먹어도 좋으며 장아찌를 만들 때도 사용한다. 오이는 적당히 썰어 된장과 참기름을 섞은 양념장에 찍어 먹어도 맛있다.

우엉

우엉은 식감이 아삭한 뿌리채소다. 어린잎도 먹을 수 있고, 씨는 약용한다. 찜이나 튀김으로 먹어도 맛있으며, 김밥에도 넣는다. 특히 고추장을 활용한 달콤한 양념을 만들어 구워 먹어도(320쪽) 좋다.

은행

은행나무는 지구 역사상 가장 오래된 나무 중 하나다. 은행을 노릇노릇하게 구우면 고소한 맛이 일품이다. 단백질이 많은 은행은 사찰음식의 귀중한 재료다. 밥이나 떡에 자주 활용한다. 은행 열매는 혈압을 낮추는 데 효과가 있고 호흡기 질환에도 도움이 되기에 약재로 사용하기도 한다. 절 경내의 은행나무에서 거둔 은행 열매는 예로부터 사찰 경제에서 중요한 역할을 하는 자원이기도 했다. 또한 은행나무 목재로는 발우를 만든다.

인삼

약용식물인 인삼은 1392년부터 재배했는데, 사실 우리나라 전통 의학에서는 이보다 훨씬 전부터 사용했다. 뿌리는 6년 되었을 때 가장 효능이 좋지만, 더 일찍 수확하여 음식으로 사용할 수 있다. 인삼은 면역 체계를 강화하는 진세노사이드 같은 활성 성분을 함유하고 있는데, 연구에 따르면 매우 효과적으로 면역력을 높인다고 한다. 인삼은 삼계탕에 넣기도 하고 액상으로 만들어 꿀과 함께 먹기도 한다. 인삼을 얇게 썰어 꿀에 절인 인삼 절편도 인기가 좋다. 수삼은 반죽 가루를 묻혀 튀겨 먹으면 맛있다.

우엉
국산

죽순 봄에 비가 내린 대나무 숲은 새싹으로 가득하다. 죽순은 '대나무 자라는 소리가 들린다'는 표현이 있을 정도로 성장 속도가 무척 빨라 봄에 재빨리 수확해야 한다. 죽순이 이렇게 놀라운 속도로 성장하는 건 4~5년 동안 땅속에서 자라날 힘을 모아두었기 때문이다. 우리나라에서 죽순은 대략 800년 전부터 먹었다고 한다. 죽순의 싹을 반으로 자르면 안쪽은 하얗고, 액체로 채워져 있다. 이는 쓴맛이 나니 물로 씻어내야 한다. 식용 부분은 물에 부드러워질 때까지 삶은 다음 찬물로 씻어 한 김 식힌 후 사용한다. 죽순은 뚜렷한 맛이 없기에 다른 재료와 조화를 잘 이룬다. 찜이나 찌개에 넣어 짭짤하게 먹을 수도 있다. 요즘은 통조림에 담긴 죽순을 어디서나 쉽게 찾을 수 있다.

참깨 흰 참깨와 검은깨(흑임자)가 있다. 참깨는 아주 오래전부터 조미료로 사용했고 간장, 된장과 매우 잘 어울린다. 참깨는 볶은 후에 비로소 그 진가가 나온다. 볶은 후에 특유의 고소한 향미 물질이 활성화되기 때문이다.

참마 마는 고구마처럼 생긴 뿌리다. 껍질을 벗기면 하얗고 끈적끈적하다. 생으로 먹거나 찌거나 튀겨 먹기도 하지만 찜에 넣어 먹어도 좋다.

찹쌀풀 찹쌀은 아밀로펙틴 함량이 높아 전분이 많다. 옛날에는 찹쌀풀을 종이를 붙이는 풀로 사용하기도 했다. 찹쌀풀은 김치를 담글 때 사용하는데, 두 가지 주요 기능이 있다. 첫째, 다양한 양념 재료가 고르게 섞이도록 하며 살짝 걸쭉함을 더한다. 특히 고춧가루가 뭉치지 않게 하려면 찹쌀풀이 필수다. 그래서 보통 다른 재료를 넣기 전에 고춧가루와 찹쌀풀을 미리 섞어놓는다. 두 번째로 찹쌀가루는 다른 곡물과 마찬가지로 발효를 촉진한다. 찹쌀풀을 쑤려면 냄비에 찹쌀가루 1큰술과 물 125ml를 넣고 중불에 올려 부드러워질 때까지 천천히 저으면 된다. 식감은 부드럽고 맛은 달짝지근하다. 이렇게 만든 찹쌀풀을 식히면 김치소의 기초 재료가 된다.

찻잎

차 문화는 불교와 역사적으로 밀접한 관련이 있다. 찻잎은 차를 만드는 데만 사용되는 것이 아니라 요리에도 사용된다. 찻잎은 밥과 함께 요리하거나 샐러드로도 먹을 수 있다.

취나물

취나물은 원래 야생으로 자생하는 대표적인 봄나물이지만, 현재는 수요가 많아 재배하기도 한다. 다양한 품종이 있으며 칼슘, 철분, 비타민A가 다량 함유되어 건강에 매우 좋다고 알려져 있다. 특히 잎과 줄기는 맛과 향이 좋아 익히지 않고 샐러드로 먹기도 하지만, 튀기거나, 장아찌를 담그거나, 데쳐서 양념장에 찍어 먹기도 한다. 봄에는 취나물 밥이 제철 음식으로 인기다. 취나물은 통증을 완화하고 철분 결핍과 장의 염증을 줄이는 약재로도 사용한다.

치자

치자의 원산지는 동아시아다. 치자꽃은 흰색이고 잘 익은 열매는 주황빛을 띤다. 꽃은 재스민과 비슷한 향기가 난다. 열매에 해열효과가 있어 전통 의학에서는 오랫동안 치료제로 사용했다. 치자는 밝은 황색 또는 적황색을 내며 강렬한 색

때문에 음식, 종이, 옷감을 염색하는 데에도 사용한다. 단무지의 노란 빛을 만들 때도 치자를 쓴다.

콩 콩은 높은 단백질 함량 덕분에 '밭의 소고기'로 불리며, 비타민B도 풍부하다. 콩나물에는 비타민C가 풍부하게 함유되어있다. 콩잎으로는 김치나 장아찌를 만든다.

팥 콩의 일종인 팥은 단백질과 지방이 적고 탄수화물 함량이 높다. 삶거나 쪄서 으깬 후 가볍게 단맛을 내어 떡, 찐빵, 빵의 소로 사용하며 팥 양갱이나 빙수 아이스크림 등을 만든다. 동짓날에는 팥죽을 쑤어 먹는다.

피마자 봄에 순한 피마자 나무의 잎을 따서 나물로 먹는다. 피마자 씨앗에서는 기름을 추출한다.

호박 호박은 열매뿐만 아니라 꽃, 씨앗, 잎도 먹을 수 있다. 호박은 종류가 매우 다양하다. 애호박은 찌개(298쪽 참조), 전, 국물 요리에 적합하고, 작고 둥근 호박도 똑같이 활용할 수 있다. 부드러운 늙은 호박도 매력이 있다. 단맛을 살려 죽(336쪽 참조)으로 만들어 먹거나 쪄서 먹기도 한다. 떡의 속을 채울 때나 케이크를 만들 때, 또 김치를 담글 때도 사용한다. 단호박은 찜 요리에 적합하고, 박은 어리고 부드러울 때 나물로 먹는다. 호박은 말려서 보관하기도 한다. 호박잎을 쪄서 쌈으로 먹으면 풍미가 좋다.

100
105
77
45
90
51
10
60
30
Sunkist

냉동실

阿彌陀佛在何方
大雄殿
其中众生不可量
為救世間而出現
寂滅無性不可取

大雄殿
제나름중생들로
진리의이모습은

佛
佛
불전함

정관스님

사찰음식 명장. 전라남도 장성에 있는 백양사 천진암의 주지.

1957년 경북 영주에서 7남매의 다섯째로 태어났다. 어머니의 음식 솜씨를 이어받아 일곱 살 무렵에는 손으로 반죽을 밀어 가마솥 한가득 국수를 끓였고, 온 동네 사람들과 나눠 먹곤 했다. 열일곱 살에 출가하여 스님이 되었다. 그 이래로 몸과 마음을 맑히는 사찰음식을 만들고 연구해왔으며, 지역사회와 국제사회에 자연과의 조화를 추구하는 사찰음식의 가치와 철학을 알리고 있다.

정관스님은 2017년 넷플릭스 다큐멘터리 〈셰프의 테이블Chef's Table〉에 출연하며 세계적으로 널리 알려졌다. 《뉴욕 타임스》는 스님을 "철학자 셰프"라고 소개했고 《가디언》 《워싱턴 포스트》 《인디펜던트》 등 유수의 매체에서 스님의 사찰음식에 주목하며 찬사를 보냈다. 해마다 수백 명이 넘는 각국의 방문객과 미쉐린 스타 셰프 들이 스님의 요리를 맛보고, 사찰음식을 배우기 위해 천진암을 찾는다.

2017년 세계 최고의 요리학교 CIA(Culinary Institute of America)와 지속가능한 식량 시스템을 연구하는 글로벌 플랫폼 EAT의 주최로 '플랜트 포워드 글로벌 셰프 50인'에 선정되었고, 2022년에는 전 세계 셰프에게 귀감이 되는 인물에게 수여하는 '아시아 50 베스트 레스토랑 아이콘 어워드'의 수상자로 선정되었다. 2022년 대한불교조계종으로부터 '사찰음식 명장'을 수여받았다.

정관스님은 백양사 템플스테이를 진행하며 많은 사람과 직접 만나 음식을 통해 소통하고 마음을 공유하는 일에 힘쓴다. 백양사의 문화유산과 음식 명상이 결합된 불교 전통 미식 템플스테이 프로그램은 세계에서 모범사례로 꼽힌다. '깨달음을 주는 음식이 삶을 풍요롭게 한다'는 음식 철학에 기반하여 삶을 이롭게 하고, 생명의 이치를 헤아리며, 지속가능한 섭생문화를 퍼뜨리는 일에 정성을 다하고 있다.

글 후남 셀만 Hoo Nam Seelmann

한국에서 태어나 파독 간호사로 독일에 와 철학, 독문학, 예술사를 공부하고 헤겔 역사철학으로 박사 학위를 취득했다. 1995년 스위스로 이주해 1997년부터 스위스의 주요 일간지 《노이에 취르허 차이퉁Neue Zürcher Zeitung》에 한국 문화에 관한 글을 기고해왔다. 정관스님을 처음 알게 된 것은 2017년 무렵 천진암으로 스님을 찾아가 취재를 하게 되면서였다. 이후 취리히의 리트베르크 미술관에 정관스님을 소개하며 스위스에 스님과 사찰음식을 알리는 역할을 하게 되었다. 이후 스위스 출판사와 협업하여 정관스님을 인터뷰하고 3년에 걸쳐 『정관스님 나의 음식』을 썼다. 현재 스위스 리헨에서 기자와 작가로 활발하게 활동하고 있다.

사진 베로니크 회거 Véronique Hoegger

스위스 취리히의 사진작가. 이 책을 위해 백양사 천진암에서 정관스님과 세 계절을 함께 보내며 스님의 사찰 일상과 음식을 사진으로 담아냈다. 스위스 로잔에서 태어나 브베와 취리히에서 사진학을 전공했다.

한국어 번역 양혜영

한국외국어대학교 프랑스어과를 졸업하고 미국과 독일을 포함한 여러 유럽 국가에서 근무했다. 이후 무역 회사 대표, KBS 다큐 해외 제작 팀장 등 다양한 경력을 쌓아왔다. 현재 방송 제작사 작가 및 콘텐츠 크리에이터로 일하며 바른번역 소속 번역가로 활동 중이다. 옮긴 책으로 『삶은 당신의 표정을 닮아간다』 『윈터 씨의 해빙기』 등이 있다.

Jeongkwan Snim : Ihre koreanische Tempelküche

by Hoo Nam Seelmann and Véronique Hoegger

First published by Echtzeit Verlag, Basel

The Korean language edition published by arrangement with
Echtzeit Verlag GmbH through Mohrbooks AG and MOMO Agency, Seoul.

정관스님 나의 음식

서문 정관스님
글 후남 셀만
사진 베로니크 회거
한국어 번역 양혜영

편내날 초판 1쇄 2025년 4월 25일
초판 4쇄 2025년 5월 29일
펴낸이 이주애, 홍영완
편집장 최혜리
편집2팀 홍은비, 박효주, 송현근
편집 김하영, 강민우, 한수정, 안형욱, 김혜원, 이소연, 최서영, 이은일, 김혜민
디자인 김주연, 기조숙, 박정원, 윤소정, 박소현
홍보마케팅 김준영, 김태윤, 백지혜, 박영채
콘텐츠 양혜영, 이태은, 조유진
해외기획 정미현, 정수림
경영지원 박소현
펴낸곳 (주)윌북 출판등록 제2006-000017호
주소 10881 경기도 파주시 광인사길 217
홈페이지 willbookspub.com 전화 031-955-3777 팩스 031-955-3778
블로그 blog.naver.com/willbooks
트위터 @onwillbooks 인스타그램 @willbooks_pub
ISBN 979-11-5581-801-5 (03590)